科技农业
高效农业

黑芝麻

高产种植
与加工利用技术

主　编　胡庆华
副主编　王志永　张玉杰
编　委　马永昌　张合伟　马　龙
　　　　陈志煌　张　杰　李　欣
　　　　李小杰　薛建立　袁丽敏
　　　　王艳玲

U0227358

科学技术文献出版社
SCIENTIFIC AND TECHNICAL DOCUMENTATION PRESS

图书在版编目(CIP)数据

黑芝麻高产种植与加工利用技术 / 胡庆华主编.—北京:科学技术文献出版社,2012.7

ISBN 978-7-5023-7206-4

Ⅰ.①黑… Ⅱ.①胡… Ⅲ.①黑芝麻—栽培技术②黑芝麻—加工③黑芝麻—综合利用 Ⅳ.①S565.3

中国版本图书馆 CIP 数据核字(2012)第 042833 号

黑芝麻高产种植与加工利用技术

策划编辑:孙江莉　责任编辑:孙江莉　责任校对:张吲哚　责任出版:王杰馨

出 版 者	科学技术文献出版社
地 址	北京市复兴路 15 号　邮编　100038
编 务 部	(010)58882938,58882087(传真)
发 行 部	(010)58882868,58882866(传真)
邮 购 部	(010)58882873
官方网址	http://www.stdp.com.cn
淘宝旗舰店	http://stbook.taobao.com
发 行 者	科学技术文献出版社发行　全国各地新华书店经销
印 刷 者	北京博泰印务有限责任公司
版 次	2012 年 7 月第 1 版　2012 年 7 月第 1 次印刷
开 本	850×1168　1/32 开
字 数	127 千
印 张	5.25
书 号	ISBN 978-7-5023-7206-4
定 价	13.00 元

<<< 前　言

　　芝麻是我国主要油料作物之一,也是一种经济作物和创汇作物,其产品营养保健价值较高,是我国在国际、国内市场上较为畅销的农产品之一。

　　黑芝麻是四大芝麻品种(白芝麻、黄芝麻、褐芝麻、黑芝麻)中的一种,除具有其他芝麻的食用特点外,还有很高的药用价值,长期食用可预防和治疗多种疾病,强身健体,因而深受消费者青睐。

　　但从我国芝麻生产的现状来看,由于良种推广普及率低,种植的品种多、乱、杂,生产管理粗放,造成我国芝麻的产量低而不稳,商品品质差,导致商品价格大幅度下降,降低了农民的收入,严重制约着芝麻生产的发展。为了推广黑芝麻高产优质品种和增效栽培技术,提高我国黑芝麻的产量和商品品质,增强我国黑芝麻在国际市场中的竞争力,本书编写人员在总结前人芝麻高产优质生产技术的基础上,结合自身的研究与生产实践,编写了本书,可供农业科技人员、农村干部和广大芝麻种植户参考,希望能为我国芝麻产业的发展做出些许贡献。

　　由于时间仓促及水平有限,本书不足之处恳请有关专家、科技人员和广大读者批评指正。

编　者

<<< 目　录

第一章 黑芝麻种植概述

芝麻是我国主要油料作物之一,属胡麻科、胡麻属,一年生草本植物,栽培历史悠久,用途广泛。黑芝麻是四大芝麻品种(白芝麻、黄芝麻、褐芝麻、黑芝麻)中的一种,分为油用和食品用两种,除具有其他芝麻的食用特点外,还有很高的药用价值,长期食用可预防和治疗多种疾病(图1)。

图1 芝麻植株

我国黑芝麻种植和其他色泽的芝麻一样,种植历史悠久,分布很广,南到海南岛,北至黑龙江,东到滨海,西到青藏高原,均有种植,遍布全国各省、市、自治区,但多为零星种植,从全国而言主产区为长江流域及南方各省、市、自治区,零星产区中有主产区,主产区中又有零星产区。如江西省是我国黑芝麻的主产区,在该省内鄱阳湖周围县、市为主产区,赣中南则又是该省的零星产区。湖北、河南和安徽等省在全国属零星产区,而在省内又有自己的黑芝麻主产区,如鄂东南、豫南、皖南等分别又是鄂、豫、皖三省的黑芝麻主产区。

我国东北、西北、华南春芝麻产区,江西、浙江、福建、广东、广西、湖南等一年三熟的秋播区,黑芝麻均以春、秋季种植为主。而华北、江淮一年两熟的夏芝麻区,以白芝麻为主,黑芝麻零星种植,故黑芝麻以夏播为辅。

我国以往对黑芝麻的利用,一直以医疗保健和副食为主,对含油量没有要求。随着科技工作者对黑芝麻研究的深入,培育出了许多黑芝麻新品种,已从过去的医疗保健型转为油用型,或油用、食品用兼用型。

第一节　黑芝麻的营养与药用价值

从营养看,无论黑芝麻、白芝麻都是营养丰富的食物。就脂肪而言,可算得上量丰而质优。黑芝麻的脂肪含量为 46%,白芝麻为 40%,二者含量都高;维生素 E 含量也很高,黑芝麻每百克含量为 50 毫克,白芝麻为 38 毫克;就钾钠比看,黑芝麻为 43:1,白芝麻为 8:1;黑芝麻膳食纤维含量为 28%,白芝麻为 20%,这显然是芝麻润肠通便的一个重要原因。芝麻油含有麻油酸,故具有特有的香气。由于维生素 E 含量高,具有抗氧化作用,经常食用能清除自由基,延缓衰老。

黑芝麻是芝麻中的一个品种,营养非常丰富,据测定黑芝麻中含有丰富的优质蛋白质、脂肪酸、钙、磷等,营养之全是其他许多食品所无法相比的,尤其是铁的含量居多种天然植物食品之冠。以山东黑芝麻为例,每 100 克黑芝麻籽粒中含蛋白质 19.70 克,脂肪 16克,钾 358 毫克,钠 8.3 毫克,钙 780 毫克,镁 290 毫克,铁 22.7 毫克,锌6.13毫克,锰17.85毫克,铜1.77毫克,磷516毫克,硒4.7毫克,维生素 B_1 0.66毫克,维生素 B_2 0.25毫克,维生素 PP 5.9毫克,维生素 E 50.40毫克。

中医理论认为,黑芝麻具有补肝肾、润五脏、益气力、长肌肉、填脑髓的作用,可用于治疗肝肾精血不足所致的眩晕、须发早白、脱发、腰膝酸软、四肢乏力、步履艰难、五脏虚损、皮燥发枯、肠燥便秘等病症,在乌发养颜方面的功效,更是有口皆碑。

一般素食者应多吃黑芝麻,而脑力工作者更应多吃黑芝麻。黑芝麻所含有的卵磷脂是胆汁中的成分之一,如果胆汁中的胆固醇过高,与胆汁中的胆酸、卵磷脂的比例失调,均会沉积而形成胆结石,卵磷脂可以分解、降低胆固醇,所以卵磷脂可以防止胆结石的形成。现代医学研究结果证实,凡胆结石患者,其胆汁中的卵磷脂含量一定不足,常吃黑芝麻可以帮助人们预防和治疗胆结石。在黑色食品中脂溶性维生素 E 含量居首位,维生素 E 是一种强抗氧化剂,可防止自由基的破坏作用,故它具有预防衰老、预防心脏病、抗癌等多种医疗保健作用。

第二节 黑芝麻的植物学特性

黑芝麻品种的形态特征、生育特点及其生长所需的外界条件都是通过长期自然选择和人工选择形成的,与白芝麻相比具有一致性,又有差异性。要种好黑芝麻,发挥目前栽培品种的增产潜力,必须了解和认识黑芝麻的形态特征和生长发育特性,才能采用适当的栽培技术措施,创造良好的环境,满足芝麻各器官生长需要,打好高产基础。

一、黑芝麻的形态特征

1. 根

黑芝麻根属直根系,由主根、侧根、细根和根毛组成,是黑芝麻重要的营养器官之一,其主要作用是固定植株于土壤之中、支撑植株生长、进行呼吸作用以及吸收水分和矿物质营养。

根系形态因品种而异,根据根系分布的特点,可分为细密状根系和疏散状根系两类。细密型根系主根和侧根较细,入土较浅,一般1米左右。侧根向主根四周伸展,其长度10厘米左右,离地表3~10厘米,多数品种属于该类型。疏散状根系主根和侧根粗壮,细根少,侧根横向伸展较远,细根小而少,整个根系分布分散,此类型根系的植株一般耐渍性较强。

黑芝麻根系前期生长较慢,当植株长到4对真叶左右时,随着绿叶面积增大,植株光合作用增强,水肥需要量增大,根系生长逐渐扩展。在盛花期,根的数量和质量均处于生长盛期。

芝麻根系生长和分布与土壤环境关系密切。一般在土壤质地疏松、肥沃、水肥供应好时,根系生长发育较快,根粗,须根多而密,入土也较深,从而能多吸收养分供上部茎秆、叶片生长和蒴果发育。

在土壤板结、营养不足的条件下,芝麻根系细小,扩展速度较慢。在生长前期,若田间水分较多,芝麻根系入土较浅,老根多而新根少,在中后期易受渍旱和暴风雨影响,产量和质量下降明显。因此,创造良好的土壤环境,保持各生育时期植株根系活力,提高植株吸收水肥能力,培育健壮的植株,是提高黑芝麻籽粒产量的物质基础。

芝麻植株为直立型,需要有发达的根系来支撑,使植株能充分利用光能达到根深叶茂不倒伏。所以,中耕除草时要进行培土,并要保持土壤疏松、透气条件好,水分适当。

2. 茎

茎秆是芝麻营养输送和支撑冠层的主要营养器官。芝麻茎为直立型，茎基和顶端呈圆柱状，中上部和分枝为方形，这是芝麻茎秆的特点之一，故芝麻有"方茎"之称。

茎秆在终花以前均为绿色或淡绿色，少数品种茎秆基部紫色或茎枝上有紫斑，终花以后绿色逐渐变淡，有的品种成熟时茎秆呈黄色或淡绿色。芝麻茎的表面着生有灰白色的茸毛，其茸毛的长短、多少因品种而异，是识别品种的重要形态指标之一。

芝麻茎按分枝习性划分为单秆型和分枝型 2 种。一般单秆型品种在正常密度下不分枝，但在早播、稀植、肥水较充足时，茎基部会长出 1～2 个分枝。分枝型品种一般在主茎基部的 1～5 对真叶腋中，长出 3～5 个分枝，在水肥适宜、稀植时，最多可长出 15～16 个分枝。在第一次分枝上长出分枝，被称为第二次分枝。分枝习性是识别品种的重要标志，是调整品种合理密度，达到理想产量的重要参考。单秆型品种，在幼苗时打顶，可形成双茎，达到增蒴增产的作用，这种幼苗期人工打顶的方法叫"双茎"栽培。

芝麻茎的生长速度与根相似，苗期慢，进入花期快，接近封顶后就基本停止生长。品种之间各生育阶段的生长速度差异较大，一般分为高秆型、中秆型和矮秆型 3 种。矮秆型的品种株高为 60～100 厘米，高秆型在 101～200 厘米，高者可达 250 厘米。植株越高，单株蒴果就越多，但易因倒伏而减产，所以株高应适中，并因地制宜地选用株高适中、节密、叶腋蒴果多、腿低、茎粗、抗倒伏、抗病的品种，对提高单产有重要作用。

芝麻茎秆发育的好坏是关系到单株蒴果数量多少的主要条件之一，也是影响单株和单位面积产量的关键。因此，创造好的植株生长环境条件是促进茎秆发育的基础。

3. 叶

芝麻是双子叶植物，子叶小，呈扁卵圆形，由叶柄、叶片组成，主要功能是进行光合、蒸腾和吸收作用,调控、平衡植株生长发育。

叶片有单叶(不开裂,呈全缘或有缺刻,叶片颜色为绿色。有披针形、卵圆形、长卵圆形或心脏形)和复叶(复叶为3裂、5裂甚至7裂掌状叶)之分;叶序有对生、互生和轮生,也有在同株上对生与互生混合排列的;叶缘可分为全缘、锯齿及缺刻3种类型,叶缘是区别品种的标志之一;叶色有深绿、绿和浅绿,有极少数品种叶柄呈微紫色,成熟时逐渐转为青黄或黄色。

芝麻不同品种、不同密度、不同播期、不同肥力水平,同一品种不同的生育阶段,其叶面积差异较大。在栽培中,应培养壮苗,盛花期防止旺长,接近封顶时通过排灌和叶面喷肥防止早衰,封顶时打顶不打叶,提高后期的光合作用和籽粒饱满度。

4. 花

花是芝麻的有性繁殖器官,具繁衍后代的作用,花量多少是产量高低的重要因素。

芝麻花是大型的两性花(雌、雄蕊在同一筒状花内),由花柄、苞叶、花萼、花冠、雄蕊、雌蕊和蜜腺等构成。花柄着生在叶腋中的茎秆上,花柄的长短,因品种而异(单花型和三花型品种的花柄较短,多花型和长蒴型品种的花柄较长)。苞叶着生在花柄的基部,左右各1片,为绿色,披针形,是区别品种的特征之一。花蕾均为绿色,折叠包盖着雌、雄蕊。花冠张开后,其颜色因品种而异,有白色、淡紫色或紫色之分。一般黑芝麻的花冠唇部多呈淡紫或紫色,也有部分品种呈白色。

芝麻的花序属无限花序。每叶腋只着生1朵花的为单花型,3朵花的为三花型,3朵以上的为多花型,又称单蒴型、三蒴型、多蒴型。芝麻属常异花授粉作物,天然异交率3%~5%,但在昆虫较多时异交率显著提高。芝麻开花授粉后6~12小时完成受精过程,约至42天后蒴果达到最大体积。

芝麻属短日照作物,日照短现蕾早,日照长则现蕾迟。开花顺序是同一株从下而上开放,先主茎后分枝。开花时间为早晨5～7时,当早晨阴雨、下雾、低温时,则开花的时间推迟。芝麻花期因品种、播期等不同而变化很大,一般开花期为30天左右。芝麻花期对水分敏感,遇旱要灌,遇涝要排,防止落花。

由于同一植株上花的开放有先有后,因此,蒴果成熟也极不一致。早熟易裂蒴,造成损失。采取芝麻打顶、适时收获等措施,对实现增产非常有效。

5. 蒴果

芝麻花的着生部位,即为蒴果着生部位。芝麻单株蒴果数是决定产量的重要因素之一,单位面积蒴果数多,则单产就高,反之则低。蒴果一般为绿色或紫色,成熟后呈灰色或淡黄色,短棒状,有4棱、6棱、8棱和混生之分,每棱有一排籽粒。棱数越多,籽粒也就越多。每蒴籽粒数多的可达130粒以上,少的仅有40粒左右。因此,多棱芝麻经济价值高。

蒴果的发育好坏和单株蒴果的多少与栽培条件关系密切,一般适当早播,生育期长,结蒴处在一个适宜季节,蒴果发育就好,结蒴也多。在干旱缺墒或阴雨多渍情况下,结果数减少。

6. 籽粒

芝麻籽粒由胚株发育而成,着生在中轴胎座上,成熟后脱落处的痕迹叫种脐。4棱型品种的籽粒呈扁平的椭圆形,长宽比例适当;多棱型品种的籽粒呈长椭圆形。

芝麻籽粒由种皮、内胚乳和胚3部分组成。种皮包括外表皮和内表皮,黑芝麻籽粒外表皮为一层伸长的栅状组织,内表皮为一层薄壁组织,外表皮较厚而脆,内表皮较薄而韧。内胚乳由4列细胞组成,其内充满脂肪和蛋白质。芝麻胚由胚根、胚茎、胚芽和子叶组成,也充满蛋白质和脂肪。胚根、胚茎在子叶之下,胚芽在子叶之间。在适宜发芽的条件下,其胚发育成根、茎、叶。

芝麻籽粒的大小,以籽粒重表示,但因品种和产地差异较大。

黑芝麻与白芝麻相比,千粒重比白芝麻低,一般千粒重多为 2.5~3.5 克。籽粒大小与蒴果棱数和长度有关,一般多棱或短蒴的品种籽粒小,千粒重低;4 棱长蒴品籽粒大,千粒重较高。黑芝麻籽粒的黑色有深浅之分,种皮色浅含油量高,色深含油量较低,一般含油量为 50%~59%。种皮薄,籽粒饱满光滑含油量也高。此外,含油量的高低也受栽培条件、气候因素和病虫害的危害程度影响。因此,创造良好的生长条件,可提高籽粒的含油量。

芝麻籽粒发芽的最适温度是 24~32℃,低于 12℃ 或高于 40℃ 发芽受到影响。日均气温稳定在 20℃ 以上时,是芝麻适宜的播种时期。

芝麻籽粒发芽还需要一定的水分条件,一般要求土壤含水率为 15%~20%,即播种时手抓泥土能成团,丢下后能散开为宜。如果土壤干旱,因籽粒不能吸足水分而发芽缓慢,或因籽粒长时间未发芽而被地下害虫吃掉造成缺苗。如果水分过多,因受渍,空气稀少,又影响发芽和幼苗的成活率。

二、黑芝麻的生长发育过程

芝麻的一生可分为出苗期、幼苗生长期、蕾期、花期和成熟期 5 个时期。

1. 出苗期

出苗期指从籽粒播种到胚芽伸出地面、子叶张开的时期,通称出苗期。正常情况下,春播芝麻 5~8 天出苗,夏播芝麻 4~5 天出苗,秋播芝麻 3~4 天出苗。出苗期的长短,视地温、墒情、播种深浅以及籽粒的发芽势而定,在土壤温度低于 16℃,土壤水分占田间最大持水量 50% 以下或 80% 以上时,不利于发芽。

2. 幼苗生长期

幼苗生长期指出苗到植株叶腋中第 1 个花蕾出现的时期,又称苗期。正常夏播,苗期 25~35 天,同一品种春播要比夏播长 5~

10 天,秋播比夏播短 5～7 天。苗期长短与品种、气温、光照等有关,若土壤温度低于 16℃,日照时数小于220 小时,不利于苗期生长。

3. 蕾期

蕾期指从植株第 1 朵花蕾出现到花冠张开的时期,又称初花期,通称蕾期。夏播一般为 7～13 天,春播延长 3～5 天,秋播提前 2～3 天。在平均气温低于 20℃,土壤水分过大或过小、光照不足时,易造成花蕾脱落。

4. 花期

花期指植株开花至终花的时期,常称花期。夏播一般24～38 天,同一品种春播花期比夏播长 7～10 天,秋播的比夏播短 10～15 天。花期长短与品种、播种期、田间管理技术和气温有关,平均气温低于 20℃,土壤水分过大或过小、光照不足 300 小时,不利于开花或易造成花朵脱落。

5. 成熟期

成熟期是指终花至主茎中下部叶片脱落,茎、果、籽粒已呈原品种固有色泽的时期,常称成熟期。终花至成熟,一般为 10～20 天。平均气温低于 20℃,积温小于 300℃,土壤水分占田间最大持水量的 55％以下,日照小于 100 小时,不利于成熟或易造成秕粒或嫩蒴脱落。

三、黑芝麻对栽培条件的要求

1. 温度

芝麻为喜温作物,对温度的要求比较严格。黑芝麻全生育期需要积温 2500～3000℃,当积温指数低于 85％时,籽粒产量和品质将受到严重影响。

籽粒发芽出苗最适宜温度为 24～32℃,低于 12℃ 或高于40℃发芽受到影响。土壤温度稳定在 16℃以上,可满足种子萌发的需要,适宜播种。苗期生长发育温度 25～30℃ 最为适宜,连续 3 天气温 12℃ 以下,幼苗生长停滞,易出现冷害。在开花结蒴期月平均气温在 28～30℃ 有利于蒴果和籽粒发育。因此,北方地区芝麻的适播期应在 5 月下旬至 6 月初,这样刚好使各个生育时期处在最适宜温度环境中,有利于高产。如播种过晚,苗期刚好处在高温期,导致植株始蒴部位增高,发育成高腿苗,节间加长;而到花蒴期高温阶段逐渐过去,气温下降,生长速度减缓,迫使提前封顶,结蒴少,产量低。因此,夏芝麻要抢时早播,为芝麻生长创造适宜的温度条件。

2. 水分

芝麻为中等需水量的作物。它一生中需水量因各地土质、气候条件(包括日照的强度、水分的蒸腾等)的不同而异,一般需雨水量 300～600 毫米,个别地方高于 600 毫米以上,并要求雨水分布均匀为宜。

播种至幼苗生长阶段,需水量仅占全生育期的 4%。芝麻幼苗生长缓慢,根系吸收能力弱,最适生长的土壤含水量为 16%～20%,在底墒良好的条件下,苗期一般不需浇水。此期若土壤干旱,则不能正常出苗,生长缓慢;土壤水分过多,幼苗易黄化,严重时会引起烂种、死苗。现蕾开花阶段,根系的发育扩展增强了对水分的吸收利用能力,现蕾前出现缺水现象可浇小水。芝麻封顶后一般不需浇水。

芝麻与其他作物相比,虽能稍耐干旱,但对空气干燥的抵抗能力很弱。当空气湿度低于 15% 时,会产生花而不实的现象。芝麻开花结蒴期需要消耗大量的水分,也是芝麻对水分最敏感的时期,若此期遇干旱则要浇水。但水分过多易造成渍害,轻者使植株发育不良,增多蕾花脱落率和无效蒴果,籽粒不饱满,降低籽粒含油量等,并造成发病的环境;重者植株死亡,颗粒无收。我国芝麻产区生育期间,常发生干旱、渍涝灾害,因此,抗旱和排水是调整芝麻需水的重要措施。

3. 日照

芝麻原属于短日照作物，但由于栽培历史悠久，在不同纬度地区日照的影响下，形成了适应长、短日照反应的品种。我国北方品种适应于长日照，南方品种适应于短日照。北种南移会使生育期缩短，植株矮小，产量低；相反，短日照品种北移，生育期会大大延迟，植株长得高大旺盛，不开花或开花很少，腿高蒴稀，产量也低。

芝麻是喜光作物，全生育期充足的阳光不仅可以提高地温，促进幼苗生长，而且有利于进行光合作用，促进物质的积累、转化和油分的形成。

4. 土壤

芝麻对土壤的适应性较强，除过沙、过碱（适宜的土壤 pH 值为5.5～7.5）和排水不良的重黏土不宜种植外，无论山冈、丘陵和平原的各种土壤，不管肥沃和瘠瘦，前茬无芝麻种植或轮作3～5年以上的地块均可种植。芝麻怕渍，种在地势低洼、排水不良的土壤中，最易受涝减产。因此，以地势高燥、排水方便、透水性良好的轻壤土至中壤土为最适宜。

芝麻虽然可以在多种类型土壤中生长，但对各种类型土壤要扬长避短。黏土壤种植，如冈地黄土和红壤土等，土壤适耕性、保墒性能差，土壤有机质含量低，缺磷少氮，必须重视土壤耕作，改良土壤结构，播后防止地表板结。南方新开垦的红土壤，如若 pH 值偏小应先种几年甘薯、花生等作物使土壤得到改良再开始种植芝麻；轻壤土至中壤土即俗称的白土、冲积土或两合土等，适耕性强，易形成上虚下实的耕作层，有机质含量不高，肥力中等，在南方多缺磷，在北方多低氮，应注意增施氮、磷肥。我国黄河流域地区的土壤含氮量偏低，含磷量较高，而长江流域地区土壤含磷量较低。因此，在栽培芝麻时，黄河流域地区应多施氮肥，长江流域地区应注意增施磷肥。沙壤土适耕性虽好，但土壤有机质含量低，土壤速效养分含量低,易漏水、漏肥,土壤保肥保水性能差。在这类土壤上种植时应注意改良土壤结构,增施有机肥,分期追肥。

5. 肥料

芝麻是需肥量较大的作物之一,为了完成生长发育的全过程,除了利用二氧化碳和水经光合作用合成糖类外,还需要从土壤中吸收各种各样的营养物质。

(1)芝麻需肥特点:芝麻的需肥量同植株对水分的要求趋势相近。前期由于植株个体小,需肥量小,随着叶片数量增加和生殖器官的发育,对营养需求越来越高,数量也愈来愈大。在氮、磷、钾三元素中,氮对芝麻茎叶的生长和蒴果的发育有重要的作用,是与产量关系最密切的营养元素。氮素充足可促进蛋白质和叶绿素的形成,使芝麻茎叶繁茂,叶大、色绿,提高光合作用效率,提高芝麻籽粒的蛋白质和出油率,从而提高产量、改善品质;氮素过多,则致植株徒长,与磷、钾养分比例失调,降低产量和品质;而氮缺乏,则植株茎秆纤细,叶色淡、早衰,致使产量和品质降低。在我国春、夏、秋芝麻产区缺氮严重,增施氮肥增产幅度较大。

磷能加速细胞分裂,促使成熟,还可促进光合作用的产物葡萄糖转化为脂肪而形成高品质,因而磷的丰缺直接关系到芝麻含油量的高低,所以芝麻作为油料作物偏好磷素营养,磷缺乏,芝麻分枝受到抑制,叶色灰绿,茎秆纤细,产量低,芝麻籽含油量低。我国芝麻集中产区和分散产区普遍缺磷,因此,在芝麻播种时配施一定数量的磷肥,能充分发挥芝麻增产潜力。

钾素同氮磷一样是芝麻生长不可缺少的重要元素,芝麻缺钾时植株组织软弱,抗倒性差,叶片易破碎,籽粒饱满度差。在我国芝麻产区除黄淮平原砂姜黑土含钾量较高外,一般都比较缺钾,尤其在高产栽培条件下,增施一定数量的钾肥,有显著增产作用。

芝麻的生长期内除需要以上营养元素外,还需要硅、钙、镁、铝、铁、钠、锰、钼、锌、硼等元素,其中一些元素除土壤能提供一部分外,还存在着不同程度的亏缺,有时能表现明显症状,有时不表现症状,但存在着潜在性亏缺,严重影响植株产量潜力发挥。据试验,在芝麻生育过程中增施一定数量的硼、锌等微量元素,能提高籽粒含油量,增加种子产量。

(2)施肥方法

①施足底肥:底肥是提高土壤肥力,促进壮苗早发,奠定高产稳产的重要基础。底肥的使用量应占总施肥量的50%以上。底肥最好以优质农家肥料为主,配合一定量的氮、磷、钾肥,播前结合整地翻埋土中。农家肥料一般有厩肥、人(畜)粪尿、陈墙土、杂草堆肥、草木灰等。也可采用饼肥、化肥作底肥。如前茬作物已施入大量农家肥或其他慢性底肥,利用其后效作用可不施底肥。如土壤有机质含量高,也可不施农家肥,而直接以相应含量复合肥或其他化肥作底肥。由于芝麻根系分布较浅,多分布在20厘米耕层之中,所以施底肥不宜太深。春芝麻底肥应结合最后一次犁地翻埋土中,以分层次施用的肥效最好。夏芝麻播种季节性很强,应提前将农家肥运到地头,有机肥和磷肥必须在犁地前均匀地撒施地面,速效性化肥以犁后耙前撒在土垡上较好。如果是整地灭茬播种,最好将底肥撒在地里,再耙(锄、旋)平碎土。夏秋芝麻播种时劳力紧张,农家肥最好在前茬整地时施入,而芝麻播前一般以多元复合肥或相应含量的化肥作底肥。

②适时追肥:芝麻植株生长高大,不同时期靠底肥难以满足其生长发育需要,尤其对那些不施或少施底肥的地块及薄地,追肥更为重要。芝麻追肥的原则是"苗期轻、初花期重、中后期喷"。

在苗期,如土壤肥沃,底肥充足,幼苗健壮的,可不追苗肥。如土壤瘠薄,底肥不足或播期过晚应尽早追施提苗肥。追施时间为分枝型品种在分枝前,单秆型品种在现蕾前。一般每亩追施尿素3~5千克。现蕾至初花期,植株生长速度加快,消耗养分增多,这一阶段追肥能够促进植株茎秆健壮生长,增加植株有效节位,增加蒴果数。可根据芝麻生长情况,每亩追施 7.5～10 千克尿素。磷、钾肥不足的地块还要追施少量磷、钾肥。如每亩追施 7.5～12.5 千克复合肥,增产效果较好。底肥、前期追肥较足的田块,盛花至结蒴期可不追肥或少追肥。芝麻追肥应与中耕、抗旱浇水、田间管理等工作密切结合,采取开沟条施和穴施为最好。追施肥料最好在雨前,叶片无露水时撒在播种行内,切忌雨后将肥料撒在叶面上,这样撒下的肥料会烧坏叶片。追肥以尿素或三元复合肥为宜。

③叶面喷肥:叶面喷肥可以较好地补充芝麻中、后期植株养分不足,对增加单株蒴果数和粒重,保持绿叶有较长时间的光合作用,具有较大的作用。芝麻叶片大,茎和叶的表面密生茸毛,还有很多较大的气孔,能够粘附和吸收较多的肥料溶液。所以,芝麻叶面喷施肥料,吸收效果好,能均匀地进入茎、叶组织内,迅速参与代谢作用。

芝麻喷肥在各生育时期均可进行,主要补充植株养分不足或营养不全。对于前中期施磷量少的地块,可在盛花以后及终花期喷施 0.3% 的磷酸二氢钾溶液 1～2 次。可延缓芝麻叶片衰老,提高光合强度。据试验,花期喷磷酸二氢钾 1～2 次,每亩可增加芝麻种子 3～24 千克。在芝麻不同生育期喷施微肥如苗期喷施 0.2% 的硫酸锌、硫酸锰、钼酸铵和在花期喷施硼砂,每亩可增加芝麻种子 3～8 千克。

芝麻喷肥一般应选择晴天上午 9～11 时或下午 17～19 时较宜。早晨喷肥因露水未干,叶片吸附力弱,中午气温高日照强,蒸发快,其喷施效果差。若喷施后未过 3 小时下雨,应在天晴时重喷一次。使用稀土时,不能用铁器搅拌或盛装,应仔细阅读产品说明后使用。

第三节　黑芝麻的品种类型

我国黑芝麻的类型齐全,分布广泛,各地都有适合本地栽培的品种。

一、黑芝麻类型

黑芝麻同其他粒色芝麻一样,品种的特征、特性是其品种分类的主要依据。

1. 按株型分

(1)多分枝型:有 8 个以上的分枝,且有第二次或第三次分枝。

(2)普通分枝型:有 3～8 个分枝。

(3)少分枝型:有 1～2 个分枝。

(4)单秆型:一般在正常密度下不分枝,但在早播、稀植、肥水较足时,茎基部会长出 1～2 个分枝。但不具遗传性,这是与分枝型区别的主要特征。

2. 按叶腋着生花数分

每叶腋只着生 1 朵花的为单花型,3 朵花的为三花型,3 朵以上的为多花型,又称单蒴型、三蒴型、多蒴型。

3. 按花冠颜色分

按花冠颜色可分白色、微紫色、紫红色。

4. 按蒴果棱数分

按蒴果棱数可分 4、6、8 棱,或混生型。

5. 按蒴果长度分

按蒴果长度可分普通型、短蒴型、瘦长型。

(1)普通型:蒴果中等长者。

(2)短蒴型:蒴果长短于 2.5 厘米者。

(3)瘦长型:蒴果长大于 3.5 厘米者。

6. 按种子颜色分

按种子颜色可分乌黑、黑、褐黑、灰黑和浅黑色。

7. 按种子用途分

按种子用途可分油用型、食用型或兼用型。

二、部分常用黑芝麻品种

每个芝麻产区,都有自己的当家品种,但会随时间、地点和栽培条件的不同而不同,故种植者选择品种时不能搞一刀切,只有充分发挥因地、因时、因品种制宜的综合增产作用,才能获得高产。

1. 中芝 9 号

该品种是中国农业科学院油料研究所经有性杂交育成。

该品种植株较高,茎秆粗壮,一般分枝 3 个左右,最多达 6 个,每叶腋 3 花,同株蒴果 4、6、8 棱混生,每蒴粒数 80 粒以上,种皮乌黑,商品价值高,出口受欢迎。该品种耐渍性、抗(耐)茎点枯病较强,一般亩产 60～75 千克,最高达 107.4 千克。籽粒含油率 47.53%,蛋白质含量 21.36%。全生育期 90～95 天,秋播 80 天左右,在鄂、豫(中南)、皖(中南)、赣、桂、黔种植均增产明显。

2. 中油 94CH$_5$

该种系中国农业科学院油料研究所选育。

该品种属单秆,叶腋 3 花,蒴果 4、6、8 棱混生,成熟时中下部茎、果为紫红色,种皮乌黑发亮,千粒重 2.6 克左右。耐渍性强,较抗茎点枯病和枯萎病,不耐荫蔽,耐高肥栽培。一般亩产 91 千克。夏播全生育期 95 天左右,各地可引种试种。

3. 中油 94CH$_8$

该种是中国农业科学院油料研究所选育。

该品系属单秆,叶腋 3 花,蒴果 4、6、8 棱混生。成熟时中下部茎、果为紫红色,种皮乌黑发亮,千粒重 2.6 克左右。耐渍性强,较抗茎点枯病和枯萎病,不耐荫蔽,耐高肥栽培。一般亩产 92 千克。

夏播全生育期 95 天左右,各地可引种试种。

4. 冀黑芝 1 号

该品种系河北省农林科学院粮油作物研究所选育。

该品种属单秆型,株高 150 厘米。叶腋 3 花,花冠浅紫,花唇淡紫色,花药白色,药隔乳白色。蒴果 4 棱,单株蒴果数约 90 个,每蒴粒数 56 粒,千粒重 2.8～3.2 克,单株产量 12.3 克左右,成熟时茎蒴呈黄色,种皮乌黑。高抗枯萎病,抗茎点枯病,抗倒伏性强。一般亩产 90～110 千克,高产可达 140 千克。含油量 53.27%,不饱和脂肪酸含量 86.7%,蛋白质含量 23.20%,微量元素硒含量每百克 0.21 毫克,是油用、食用兼用型的黑芝麻品种。生育期 97 天,适于华北芝麻产区种植。

5. 冀黑芝 4 号

该品种系河北省农林科学院粮油作物杂交选育而成。

该品种属单秆型,株高 130～160 厘米。叶腋 3 花,花白色。蒴果 4 棱,蒴粒数 75 粒。成熟时茎与蒴果呈黄色,种皮乌黑,千粒重 3 克,含油率 48.07%,蛋白质含量 23.3%。抗性较强,抗茎点枯病,高抗枯萎病,茎秆粗壮抗倒伏。生育期 85～97 天,适宜华北芝麻产区晚春播和夏播种植。

6. 冀 9014

该品种系河北省农林科学院粮油作物研究所经有性杂交选育而成。

该品种单秆型、叶腋 3 花、蒴果 4 棱。株高 130～160 厘米,成熟时茎、果呈黄色,种皮乌黑,千粒重 3 克。夏播全生育期 82～95 天。茎秆粗壮抗倒性好,高抗枯萎病,抗茎点枯病。该品种平均亩产 115.5 千克,最高亩产 125 千克,含油量 48.07%,不饱和脂肪酸为 87.54%,蛋白质含量 23.3%,维生素 E 含量 95.9 毫克/100 克。适宜在河北、河南、内蒙、山西等地晚春播和夏播种植。

7. 清徐黑芝麻

该品种为山西省清徐县地方良种。

清徐黑芝麻有 4～6 个分枝,株高 150 厘米左右,每叶腋 1 花,花淡紫色,蒴果 4 棱,种皮黑色,千粒重 3.4 克左右。全生育期 100～110 天。抗旱耐渍性较弱,抗病毒病中等。一般亩产 100 千克,籽粒含油量 47% 左右,蛋白质含量 20% 左右。适宜在山西及临近地区的平川水浇地种植。

8. 郑黑芝 1 号

该品种系河南省农业科学院最新选育的黑芝麻新品种。

该品种属单秆 3 花 4 棱型,种皮黑亮,品质优。抗枯萎病和茎点枯病,耐旱性好。籽粒含油率 51.65%,蛋白质含量 22.36%。适宜在河南省及临近地区推广种植。

9. 驻 H_2

该品种系河南省驻马店地区农业科学研究所选育。

该品种属单秆 3 花 4 棱型,花紫色,成熟时茎果为青绿色,种皮乌黑发亮,千粒重 2.6 克左右。耐渍性强,抗茎点枯病和枯萎病,稳定性好。一般亩产 70 千克左右。夏播全生育期 90 天左右,可供江淮黑芝麻产区引种试种。

10. 信阳黑芝麻

该品种系河南省信阳地区的农家品种。

该品种属分枝单花 4 棱型。果短小,茎细韧性好,茎、叶、蒴果茸毛极短少,叶色深绿,具强烈腥臭味(抗虫性好),花浅紫,种皮乌黑有光泽。耐渍性强。生育期 95 天左右。一般亩产 50 千克,含油量 49.42%,蛋白质高达 28.19%,是提取氨基酸的好原料。

11. 驻芝 10 号

该品种系河南省驻马店市农业科学研究所选育。

该品种为单秆型,叶腋 3 花,花白色微带粉红,蒴果 4 棱。植株高大,茎秆粗壮,一般株高 150～180 厘米,高肥水条件下株高达

200厘米以上。始蒴部位低,黄稍尖短,单株产量较高,千粒重2.5克左右。籽粒黑色,有光泽,外观较好,脂肪含量51.11%,蛋白质含量22.65%,符合外贸出口标准。抗枯萎病和茎点枯病,高抗病毒病。全生育期85~90天,属中早熟品种,适宜黄淮流域芝麻产区种植。

12. 霸王鞭黑芝麻

该品种系山东省枣庄市地方品种。

该品种属单秆3花4棱型。株高160厘米以上,花淡紫色,成熟时茎果青绿色,种皮黑色,籽粒饱满,千粒重2.67克。抗茎点枯病和枯萎病,但耐渍性弱,产量中上,含油量55.6%,蛋白质含量20.84%。全生育期110天左右,适宜鲁南种植。

13. 莒县黑芝麻

该品种系山东省莒县农业科学研究所从地方品种中选出变异单株培育而成。

该品种属单秆3花4棱型。株高150~160厘米,花微紫色,种皮黑色,千粒重3克左右。抗旱性强,较抗叶斑病,轻度耐盐碱、渍涝和瘠薄,一般亩产75千克,高者可达100千克以上。籽粒含油量52%左右,蛋白质含量19.61%。春播于5月中旬播种,8月下旬成熟。全生育期110天左右。夏播6月中下旬播种,9月中旬成熟,全生育期80~85天。

14. 扶风黑芝麻

该品种系陕西省扶风县地方良种。

该品种属分枝3花4棱型。花色淡紫,成熟时茎绿色,种皮黑色,千粒重低于1.85克,含油率47.6%,蛋白质含量23.06%。耐渍,抗枯萎病。全生育期100天左右,适宜于陕西省扶风、兴平等县及临近地区种植。

15. 襄黑芝2078

该品种系湖北省襄樊职业技术学院选育。

该品种属单秆型,3 花 4 棱,植株较高,株高 170 厘米左右,成熟时茎秆、蒴果呈青绿色。始蒴部位较高,蒴果中长,单株蒴果数 78 个左右,每蒴粒数 68 粒左右,籽粒较小,种皮黑色、有光泽,千粒重2.22 克,含油率 47.38%,蛋白质含量20.32%。一般亩产 58 千克左右。抗茎点枯病、枯萎病。生育期 85 天左右,适于湖北省及临近芝麻产区种植。

16. 阳新黑芝麻

该品种系湖北省阳新县地方良种。

该品种属单秆 3 花,4、6、8 棱混生。秆矮而粗,株高100 厘米左右,花微紫,成熟时茎、果仍为青色,种皮黑色,千粒重 2.06 克,含油量 52.07%,蛋白质含量 21.15%。抗茎点枯病,而抗枯萎病较弱。生育期 90 余天,为咸宁地区丘陵山区间作套种的品种。

17. 临湘黑芝麻

该品种系湖南省临湘市的农家品种。

该品种属分枝单花 4 棱型。花白色,成熟时茎为绿色,种皮黑色,千粒重 2.41 克,含油量 53.04%,蛋白质含量23.72%。中度耐渍,抗茎点枯病和枯萎病。产量中等,稳定性好,为兼用型品种。夏播生育期 90 天左右,适宜岳阳地区种植。

18. 宁芝 2 号

该品种系江苏南京农业科学研究所选育。

该品种属分枝型品种,株高 150～160 厘米,一般分枝 3～4 个,多的达 8 个。一叶单蒴,花微紫色,单株成蒴数 70～80 个,蒴粒数 55 粒左右,籽粒乌黑,千粒重 2.6 克左右,含油率 46.6%,蛋白质含量 23.5%。平均亩产 65 千克,高产达96.5 千克。耐旱性好,高抗枯萎病,中抗茎点枯病,后期抗倒性较强。夏播生育期 90 天,适宜在江淮流域,特别是长江下游地区种植。

19. 务川黑芝麻

该品种系贵州省务川县农家品种。

该品种属分枝单花 4 棱中长蒴型。株高 80～100 厘米,分枝多达 6～10 个。成熟时茎、果转为黄色,种皮黑色,千粒重 2.2 克。耐瘠薄,抗旱,耐渍性强,抗病性一般(主要夏季高温多雨年,有角斑病危害)。亩产 70 千克,蛋白质含量 18.57%。4 月初播种,8 月底成熟,生育期 130 天左右,适合于黔北海拔 800～1200 米地区种植。

20. 贞丰黑芝麻

该品种系为贵州省贞丰县农家品种。

该品种属多分枝型,单花 4 棱。株高 80～100 厘米,株型较紧凑,花浅紫色,种皮黑而光滑。成熟时茎、果呈黄色。耐瘠薄,抗旱性强,耐渍性弱,抗病性一般。亩产 50 千克,高的可达 65 千克以上。4 月下旬播种,8 月底 9 月初收获,生育期 125～130 天,适宜在黔西种植。

21. 青阳八角芝麻

该品种系安徽省青阳县农业科学研究所选育。

该品种属单秆单花 6、8 棱混生。株高 120～140 厘米,花微紫。种皮黑色粗糙,千粒重 2.7 克左右,含油量 49.08%,蛋白质含量 20.48%。耐肥,耐渍。亩产 75 千克,高者可达 90 千克以上。生育期 90～95 天,宜夏播,也可春播,适宜圩区和丘陵山区种植。

22. 元阳芝麻

该品种系云南省元阳县农家品种。

该品种属分枝 3 花 4 棱型。花浅紫,成熟时呈黄色,种皮黑色,千粒重 2.33 克,含油量 57.5%,蛋白质含量 18.17%。耐渍性好,抗病性弱。生育期 120 天左右,适宜云南元江及临近地区种植。

23. 赣芝 2 号

该品种系江西省上饶地区农业科学研究所选育。

该品种属少分枝型,株高 120 厘米左右。叶腋单花,花微紫色。蒴果 4 棱,蒴粒数 55～65 粒。成熟时茎秆、蒴果转为黄色,种皮黑色,千粒重 2.8 克左右,籽粒含油量 53.1%,蛋白质含量 23.5%,是食用、油用兼用型品种。一般亩产 50～80 千克,高产可达 110 千克。全生育期夏播 90 天左右,秋播 70～80 天。抗旱性强,但耐渍性、抗病性较差。适宜在江西、广西、湖南、湖北等地种植。

24. 赣芝 5 号

该品种系江西省进贤县种子管理站、进贤县梅庄镇农业技术推广站选育。

该品种单秆型,单花 4 棱,茎秆粗壮,株高 139 厘米。花色粉红,单株蒴果 47 个左右,每蒴粒数 47 粒,种皮黑色,千粒重 2.72 克,含油率 50.8%,蛋白质含量 19%。一般平均亩产 73.5 千克。全生育期夏播 95 天,秋播 85 天,适宜在江西、广西、湖南、湖北等地种植。

25. 赣芝 6 号

该品种系江西省农业科学院旱作物研究所选育。

该品种属单秆型,3 花 4 棱。中早熟品种,株高 130～150 厘米。出苗整齐,长势旺,始蒴部位较低,花紫白色,单株平均蒴果数 80 个左右,每蒴粒数 80～90 粒,单株粒重 12 克,千粒重 2.8 克,籽粒较饱满,种皮纯黑色,含油率 59%左右。耐肥、抗旱、抗倒、抗病性好,耐贫瘠。蒴果成熟时易炸裂,应及时收获。一般亩产 80 千克左右,高产可达 140 千克,适宜江西全省各地芝麻产区种植。

26. 赣芝 7 号

该品种系江西省红壤研究所选育。

该品种为单秆型,3 花 4 棱。株高 132 厘米,花色微紫。单株蒴果 68 个,每蒴粒数 66 粒,种皮乌黑色,千粒重 2.9 克,含油率 53.8%,蛋白质含量 24.8%。平均亩产 122.3 千克,大田示范未见发病。春、夏、秋均可种植,以夏、秋种植为主,全生育期88天左右,适宜江西全省各地芝麻产区种植。

27. 武宁黑芝麻

该品种系江西省武宁县的农家品种,经江西省农业科学院旱作研究所提纯复壮。

该品种属单秆,叶腋3花,蒴果4棱,节间较短,结蒴较密,株蒴数较多。茎秆粗壮,株高90～110厘米,花白色,单株平均蒴果数70个左右,每蒴粒数80粒,单株粒重11.3克,千粒重2.5克,籽粒较饱满,种皮黑色,含油率54%左右,是油用、食用兼用型品种。耐肥、抗旱、抗倒。苗期易轻感病,应注意排水,蒴果成熟时易炸裂,应及时收获。一般亩产70～100千克,高产可达150千克,适宜江西全省各地芝麻产区种植。

28. S09

该品种系江西省农业科学院旱作研究所选育。

该品种属单秆3花4棱型。白花,成熟时全株呈淡黄色,种皮乌黑,千粒重2.9克,一般亩产60～80千克。耐肥抗倒伏,抗(耐)茎点枯病,耐旱性与耐渍性较好,较稳产。全生育期90天左右,秋播85天左右,适宜该省秋播,其他省、市、自治区可引试。

29. 扶绥黑芝麻

该品种系广西扶绥县农家品种。

该品种属单秆3花4棱型。蒴果瘦长,茸毛短而少,叶色深绿,叶片半裂,花微紫,成熟时茎、果黄色,种皮黑色,千粒重2.5克,含油量50.63%,蛋白质含量24%。亩产40～100千克左右。抗性较强。全生育期90天左右,在广西全区均可种植。

30. 崇左六棱黑

该品种系广西崇左县农家品种。

该品种属分枝单花6、8棱混生型。成熟时茎果呈黄色,种皮黑色,千粒重2.4克,含油率49.3%,蛋白质含量18.48%,亩产高者可达 60 千克以上。耐旱、抗病、抗虫性均较强。夏播 6 月下旬,全生育期 90 天左右;秋播于 7 月中旬,10 月中旬成熟。

31. 海丰八棱黑

该品种系广东省海丰县农家品种。

该品种属单秆单花八棱长蒴型。株高 66 厘米左右,花微紫,蒴长 4 厘米,成熟时茎果转为淡黄色,种皮黑色,千粒重 3 克,含油量高达 59.04%,蛋白质含量 19.12%,属典型油用型品种。一般亩产 90~100 千克。耐旱性强,抗倒性好。当地 6 月中旬播种,9 月下旬成熟,全生育期 100 天左右,适合旱坡地种植,凡有间作套种、混种的地区均可引种试种。

32. 陆丰黑芝麻

该品种系广东省陆丰市农家品种。

该品种属分枝 3 花,全株蒴果均为 8 棱的长蒴型。花微紫,成熟时茹果呈黄色,种皮乌黑,千粒重 2.8 克,含油量 50%~52.06%,蛋白质含量 20.31%,一般亩产 40~75 千克。耐旱性与抗病性较强,但易裂蒴,应适时早收。当地 4 月下旬播种,8 月中旬成熟,全生育期 100 多天。

33. 湛江黑芝麻

该品种系广东省雷州半岛的当家品种之一。

该品种属分枝单花 6、8 棱型,株高 110~130 厘米,花微紫,成熟时茎、果绿色带紫斑,种皮黑色外表皮厚易搓脱,千粒重 2.8 克,含油量 50%~52.88%,蛋白质含量 16.07%。亩产 75~88 千克。耐瘠薄,抗倒伏性好,后期抗枯萎病强。当地 4 月上旬播种,全生育期 80 天左右。

34. 定安黑芝麻

该品种系海南省定安县农家品种之一。

单秆 3 花 4 棱。株高 80~85 厘米,花微紫,成熟时茎呈黄绿色带紫斑,种皮黑色,千粒重 2.31 克。含油量 52%,蛋白质含量

15.75％。亩产 35～55 千克。抗病性较强。4 月上旬播种,7 月上中旬收获,生育期 80 天左右,适应性较强,砂土、红黄壤均可种植。

35. 崖州芝麻

该品种系海南省三亚市的农家品种。

该品种属分枝单花 4 棱型,花微紫,成熟时茎秆绿黄色有紫斑,种皮黑色,千粒重 2.8 克。含油量 50％～51.14％,蛋白质含量12.9％。亩产 82 千克。抗旱性与抗病性强,耐渍性较弱。3 月下旬至 4 月上旬播种,全生育期 80 天左右,主要适宜琼南沿海种植。

另外,还有许多黑芝麻品种,如金黄麻黑芝麻、青麻黑芝麻、阳城黑芝麻、永济黑芝麻、波阳黑芝麻、吐鲁番黑芝麻等品种。

第四节 芝麻低产原因及高产栽培措施

一、低产原因

芝麻产量低而不稳的原因是多方面的,主要原因是栽培措施不当、对芝麻栽培不重视和环境条件影响所造成的。

1. 播种晚

夏芝麻的播种期多在 6 月中下旬。由于播种偏晚,缩短了夏芝麻的有效生育时期,更为严重的是因晚播带来夏芝麻生育期相应延迟,使各个生育期都处于不利的气候条件下,其结果是芝麻株高下降,结蒴部位增高,蒴稀且小,黄稍尖长,籽粒秕,产量低。

2. 土地瘠薄

我国芝麻产区大部分土地瘠薄,土壤本身缺磷少钾,再加上农民不愿意增加生产投资,使施肥水平低甚至不施肥。即使有时施一些肥料,也因氮磷钾配比不合理或施肥方法不科学,而不能发挥其增产作用,甚至导致不良效果。

3. 自然灾害较重

芝麻产区旱涝灾害,频繁交替。多数年份由于芝麻生长季节降雨集中,地势低洼、排水不畅,造成芝麻受渍而生长不良,严重减产甚至大面积绝收。有的年份又因持续干旱,影响播种质量,造成生长停滞、落花落蒴、提前封顶终花而大幅度减产。

4. 病害严重

由于芝麻产区种植面积大,轮作倒茬不合理,土壤中病原菌长年积累,茎点枯病、枯萎病发生严重;种植密度大,后期叶病影响芝麻的高产。加上雨涝灾害频繁,更加速了病害的传播流行。

5. 品种杂

品种混杂退化严重。由于良种繁育体系不健全,新品种布局不合理,推广应用速度缓慢,使用的品种多乱杂,造成生产上品种混杂、退化严重,种性低劣,不能充分发挥良种的增产作用,也降低了芝麻的商品品质。

6. 施肥不足或不及时

芝麻同其他作物一样,不仅需要氮、磷、钾等大量元素,而且要补施一些硼、锌等微量元素,其施肥数量、时间及配比方法都能影响芝麻生长发育进程。因此,芝麻偏施氮肥,或在缺钾土类不施钾肥及微肥,均会降低芝麻单位面积产量及本身增产潜力。

7. 管理粗放

许多地方仍保留着芝麻撒播习惯,种植密度过大或偏稀,使得群体优势无法正常发挥。管理失时,间苗、定苗晚、草荒严重、打芝麻叶等,也是造成芝麻减产的原因。

总之,我国芝麻单产低的原因是多方面的,要获得较高的籽粒产量,必须把握芝麻生产的每个环节,充分发挥增产潜力。

二、改进的措施

芝麻高产是多种因素综合作用的结果,除了要有适宜的气候条件外,还要因地制宜的选用良种、合理轮作换茬、适时早播合理密植、科学施肥和精细管理等栽培技术的配合。

1. 选高地

芝麻稍耐旱,主要怕渍涝,因此黑芝麻适宜在排水良好、土壤肥力中等以上的新茬地(最忌连作、重茬)种植,也可与禾本科作物及甘薯、棉花等轮作倒茬,做到种地养地相结合,减轻病虫草害。

2. 精细整地

黑芝麻籽粒较小,如果地面不整平,或者土块太大,会严重影响出苗整齐度和齐苗时间。我国芝麻整地因土壤类型不同,有灭茬和不灭茬两种方式。在黄淮平原多为砂姜黑土地,群众因前茬小麦收后较忙,砂姜黑土耕后失墒较快的特点,在小麦收后直接用耧条播,群众称之为"铁茬"播种。这种方式对于抢墒早播有一定作用,能一播全苗。但耕作粗放,管理难度大。在"铁茬"播种时,首先应注意前作收获时茬子不宜留得过深,如果用镰刀收割小麦,应接近地面收割,在播种后立即用耙平地,镇压保墒,造成上虚下实的土壤环境,以利芝麻齐苗。出苗后及时中耕灭茬,防止苗荒草荒影响植株正常生长。浅耕灭茬播种有利于芝麻施足底肥和促进根系发育。但有时因墒不好或耕后下雨耽误适时播种。因此,灭茬播种地块应在前茬收后,乘早晚耕地灭茬。芝麻地不宜深耕,一般要求1厘米左右即可,灭茬后及时整平耙碎,开沟作厢播种,一般要求茬子不过夜。

3. 适时早播

芝麻是喜温作物,其发芽、出苗要求稳定的适宜温度。芝麻发芽出苗要求的最低临界温度为15℃,最适温度为24～32℃。所以春芝麻在地下3～4厘米土壤温度稳定在16℃以上时即可播种。春芝麻一般在5月上、中旬播种,夏芝麻一般5月底至6月初播种。影响夏芝麻播种期的因素不是温度,而是前茬作物收获的早晚,所以夏芝麻的播种期是越早越好,一般在6月上中旬。

4. 窄畦深沟

在我国芝麻主产区,渍涝是影响植株生长发育和籽粒产量的关键,因此在种植地块应以预防渍旱为主。

在芝麻生产中,特别在黄淮平原,芝麻种植粗放,多为平地种植。因受有的年份干旱影响,很少开沟作畦。在雨水多的年份遇阴雨连绵的天气,土壤孔隙均被水分充满,根系可吸空气少,根系活力严重下降。在长时间处于无氧呼吸状态下,因活力丧失反而不能吸收水分和养分,植株立即死亡。因此,在芝麻种植前应作好畦田,开好厢沟、腰沟和地头沟。在江汉和长江流域及南方产区,厢面要求宽2米左右,厢沟25~33厘米深,在地段较长或排水不畅地块要开好33~40厘米深的腰沟。地头围沟要求比厢沟和腰沟深3~5厘米,并与排水渠道或河道畅通。在黄淮产区和春芝麻区,畦宽2.5~3米,畦沟深25~30厘米,腰沟30~35厘米深,围沟深38~40厘米,做到畦沟、腰沟、围沟(地头沟)三沟配套,播种后及时清整厢沟,下雨时畦面无渍水,雨住沟中无渍水,并随时清沟排渍。深沟窄厢(畦)不仅防渍效果好,而且能利用深沟的排灌作用,在天旱时进行沟灌。

5. 合理密植

芝麻种植密度必须根据播种迟早和地力情况确定种植株数。早播,肥地可适当稀植,如5月底播种,土壤肥力较高或前茬施肥量较大,每亩定苗6000~7000株。植株之间空间较大可发挥分枝蒴果增产作用。

夏芝麻产区如果6月中旬播种,土壤肥力中等以上地块,每亩种植密度应增加到9000~11 000株,如果土壤肥力偏低,种植密度还可增加到12 000~13 000株。

对于秋芝麻区,冈地和某些地方品种每亩种植密度还可以增加。单秆型品种在相当于分枝品种条件下,每亩种植密度可以增加3000~4000株。如果早播,肥地每亩定苗8000~10 000株,

6月上旬播种和土壤肥力中等地块密度控制在 11 000～12 000 株,晚播,瘦地可增加到 13 000～15 000 株,山坡冈地还可增加到每亩 20 000 株左右。

6. 精心管理

(1)苗期管理:苗期田间管理一项重要工作是间苗和定苗。芝麻间定苗要突出一个早字,以免苗荒影响幼苗生长发育。间苗的头一项是及时散苗,即出苗后立即将成团的苗散开,早散苗有利于幼苗早扎根和蹲苗,有利于降低子叶节离地面的高度。如果齐苗后因成团苗未散开,幼苗子叶节高度可达到 5～6 厘米,少数幼苗子叶节高度可以伸到 8～9 厘米,幼茎生长过长不仅造成植株高腿,而且浪费营养,植株瘦弱,扎根浅,中后期易倒伏,且抗性差。芝麻出苗后不能让幼苗叶片相互碰着,在 1～2 对真叶期间分次间苗,3～4 对真叶期间及时定苗。定苗时间不宜过早或太晚,定苗早因幼苗扎根浅,干旱渍涝死亡,另外地下害虫咬断造成缺苗断垄,影响留苗密度。定苗太晚因株间竞争温光热水肥等,造成营养损失,并影响结蒴部位。3～4 对真叶期间植株根系初步形成,茎秆比较坚硬,抗性增加。但是在定苗前必须防治一次地下害虫。并及时查苗补缺,根据植株隔距,对缺苗空当进行补栽,其方法是趁小雨或下雨后用小铁铲或铁锹,先将缺苗处挖好,再将苗带土移到挖好的地方栽好,如果未下雨时,可趁早晚用同样方法移栽,但栽好后要适量浇点水让土溶合定根,一般移栽苗成活 95% 以上。栽苗有一缓蹲苗时间,植株开化结蒴部位较低。

芝麻草荒是影响植株生长发育的障碍因素之一。杂草主要同幼苗争夺光热肥等,由于杂草根系粗壮,分布较密还影响幼苗扎根。不及时除草,芝麻苗因光热和营养不足而黄瘦,幼苗老化,严重影响植株后期生长,植株开花结蒴少单位面积产量降低。芝麻除草方法在幼苗期主要结合散苗间苗拔除杂草。在一对真叶前不宜中耕,特别在土表板结时,若中耕易拌动幼苗根系,造成伤苗死苗。当植株长到2对真叶左右,可结合中耕进行除草。若苗期阴雨连绵不能中耕时,应在雨停后及时拔除杂草。当芝麻长到5~6对真叶后,由于植株体形成,一般杂草较少,对于沟边地头杂草也应及时锄除。

芝麻中耕松土不仅能除草,而且能增加土壤通透性。第一次中耕松土一般应选择土壤墒情好时进行,第一遍要轻锄,主要打破土表板结,防止中耕时土块大伤苗。第二、第三次中耕可以稍锄深一点,但芝麻不宜像玉米棉花作物一样深锄,锄地时要抢晴天避雨天,防止雨前深锄使土壤含水量大影响根系生长发育。

芝麻化学除草是一条省工、投资小的措施。如在芝麻播种后使用除草剂,可以1个月内不用中耕松土。

(2)打顶保叶,促蒴壮粒饱:根据芝麻开花结蒴和籽粒充实特点,适时提前打顶。控制或减少上部无效蒴果竞争植株养分,增强有效蒴果养分供应源,达到蒴壮粒饱。芝麻从现蕾到开花一般需3~5天,开花受精后一般需25~30天籽粒才能发育成熟。根据这一规律,芝麻现蕾到籽粒成熟需30天左右,因此,必须控制好芝麻顶部花蕾能在日均气温稳定通过20℃前发育成熟,最迟应在气温下降前30天左右打顶,以保证籽粒饱满,起到较好效果。芝麻打顶的具体时间和方法应根据种植时间,植株长势和气候因素确定。一般在芝麻盛花后1周左右或初花后20~22天打顶增产效果显著。植株长势好,预计单株蒴果数量在盛花后1周达不到高产构成指标,可适当推迟2~3天进行。另外打顶根据植株长势可采用轻打或重打的方法。植株长势好生长时间充足可以只摘顶心(含分枝顶心)。若植株长势较差或生长时间不够,可以摘除顶端幼小花蕾,或3~4厘米长梢部,同时分枝梢部也要摘除。

芝麻后期籽粒充实过程中需要大量养分,其养分多少取决于光合面积大小,保持和稳定光合面积是蒴果饱满的重要措施。保叶一是要防病,并要雨后及时清沟排渍,提高根系活力。二是要喷施浓缩肥料,补充植株营养,可延缓叶片衰老时间。

(3)适时追肥:芝麻初花期以后进入旺盛生长期,是需肥的高峰期,这时追肥增产效果十分明显。

(4)消灭芝麻虫害:芝麻主要病害有茎点枯病、枯萎病、立枯病、炭疽病、青枯病、病毒病,主要虫害有小地老虎、蚜虫、盲蝽象等。这些病虫害发生后,会引起芝麻生长不良或死亡,对产量和品质的影响很大,必须加强防治,特别是要及时选用对路药物将病虫害控制在始发期。

7. 适时收获

一般以大部分叶片发黄,部分叶片脱落,茎顶 4～6 厘米呈青黄色,最下部 4～6 厘米蒴果已经开裂时为适宜的收获期。收获过早不高产,收获过迟损失大。

第五节　黑芝麻种植前景

过去我国的黑芝麻种植多为零星种植,而集中种植的多为秋播,易受伏暑、秋旱的影响,加上管理水平低,食用、药用销量少等诸多因素的影响,单产一直低而不稳。近年来,由于科技工作者的不断努力,培育出了许多黑芝麻品种,加上配套种植技术的改进,黑芝麻单产、总产有了大幅度的提升。

芝麻油气味芳香可口,营养丰富,素有"油中之王"的美誉。芝麻油的化学成分以不饱和脂肪酸为主,饱和脂肪酸较少。食用芝麻油,可抑制胆固醇的增加。据报道,芝麻油中含有抗氧化物质(芝麻酚和芝麻林素),故耐存放,不易变质。芝麻油用于烹饪调味等,既可防止食物中的维生素分解,又有助于消化和吸收。芝麻油还能做人造奶油和人造猪油,芝麻酱是珍贵的佐料食品。芝麻种子和油在食品工业中可做糕点、糖果、罐头等食品。同其他油用途一样,芝麻油还可以用于许多工业部门,如制造肥皂、药膏、润滑油等。黑芝麻可入药,具有润肠、活血、补肝肾、乌须发之功效。芝麻花和叶均可药、食用。芝麻茎秆焚烧后所提取的植物碱,还可用于酿造工业。种子榨油后的饼粕(油渣)含蛋白质丰富,可加工成蛋白粉,制作各种食品的添加剂,同时还是良好的家畜家禽饲料。芝麻饼肥效快,有机成分含量高,是许多作物的优质肥料。

芝麻蜜腺丰富,开花期长,是优良的蜜源作物。芝麻蜜质地透明,味甜且富香气,胜过油菜和荞麦蜜等。芝麻的叶片、花等落入地中,能增加土壤肥力。芝麻种植后腾茬早,有利于轮作换茬、整地和后作及时播种,俗话有"芝麻茬小炕堡"之称。所以芝麻茬种小麦、油菜,在同等条件下,一般能增产1~2成。

随着对黑芝麻研究和认识的不断提高,市场需求量逐年增加,黑芝麻种植面积也逐年扩大,甚至有超过白芝麻种植面积的可能,因此,黑芝麻随着市场需求的增加,耕作制度的需要和本身增产潜力的发掘,大力发展商品生产,其前景是非常乐观的。

第二章 芝麻的引种与留种

我国黑芝麻品种众多,每个品种都有优点和不足,适应的范围也不一样,因此,除在引种时要详细咨询外,还要进行小面积的试种。

第一节 芝麻的引种

1.引种的一般规律

从外地引进新品种,务必先行示范,再行推广应用,不能超越。为减少引种的盲目性,提高预见性,芝麻生产引种应遵循以下原则:

(1)气候相似原则:各芝麻产区的气候因素如温度、降雨、日照、蒸发量与产量的关系很大。因此,地区间引种要特别重视气候的相似性。我国同一芝麻产区内,气候条件大致相同,如夏芝麻产区的河南、湖北、皖北、苏北等地同属北温带大陆性气候,春季比较干旱,夏季高温多雨,秋季凉爽干燥,各省、地间引种易成功。

(2)品种生态型原则:芝麻属喜阳光的短日照作物,长日照类型的北方品种如果南引,会使生育期显著缩短,植株矮小,产量低;短日照类型的南方品种如果北引,生育期会显著延迟,植株生长旺盛,脚高荫稀,产量也低。一般来说,芝麻引种范围以不超过纬度4°为宜,远距离引种,必须注意调节播种期,以满足它对光照的需要,达到引种目的。

(3)适应各产区的耕作制度:夏芝麻产区多为一年两熟制,主要是引进稳产、高产的新品种。一年一熟和两年三熟的东北和华北春芝麻产区,应引用早熟高产的良种。江南一年三熟晚芝麻产区,主要引进晚播早熟丰产的新品种;间种、套作应考虑单秆型、生育期短的品种。不同耕作制度地区的引种,均需考虑引入后,某品种的花期所需光照和温度,是否与本地耕作制度相吻合。

(4)选用良种应注意的问题:选用良种,除需注意以上问题外,还要注意以下两点。

①种植的地块肥沃,就选用耐肥高产品种;地块瘦薄,就选用耐贫瘠的品种。

②种植的地块地势高,就要选用耐旱高产品种;地势低。就要选用耐渍性好的品种。

2. 引种方式

(1)种子部门批量调种:种子公司、种子站或种子专业户,通过有关信息,经引种观察后,认为可在本地区大面积推广;或该品种早已推广,但因种子退化、混杂或灾后无种,则进行批量调种。

(2)农户串换:看到某家的品种好,则可就地串换。这种方法简便易行,但存在异交率问题,难保品种纯度。

第二节　播前的种子处理

黑芝麻播种前,要根据当地的气候条件、土质、土壤肥力等,充分做好播前种子准备工作。

1. 晒种

播种前,选择晴天把种子放在阳光下摊开,晒1～2天,可以提高发芽势。但不要在水泥地面或金属器具内晒种,以免高温损伤种子。

2. 选种

采用风选或水选的方法,去除霉子、秕子、枝叶杂质,留下粒大饱满,无病虫杂质的上等种子。

3.发芽试验

随机取样 100 粒,重复 3 次,将种子放入垫有吸水纸的培养皿内或碗里,加入清水使种子吸水,但千万不要让水将种子淹没,以免种子无氧呼吸而烂种。将培养皿置于 25℃恒温下,检测 5 天内的平均发芽率。若不足 90%,播种时应加大播种量。测定种子发芽率时,若冬春无保温设备,可将种子浸泡 1 天后,用纱布包好,吊在热水瓶内,水瓶内盛一半温热水,以不烫手为宜,种子不要浸在热水里(热水冷后要勤换)。或将种子浸泡,包好后放在贴身衣袋里,以保持恒温催芽。

4.种子消毒

种子消毒可杀死种子所带病菌,预防土壤中病原侵染。

(1)浸种

①温水浸种:用 50~55℃温水浸种 10~20 分钟,晾干播种。

②药剂浸种:在播种前进行药剂浸种,杀死种子上的病菌,减少初次侵染的菌源,达到防病的目的。常用的药剂有 0.5%硫酸铜水溶液浸种 30 分钟;波尔多液(石灰∶硫酸铜∶水为 3∶3∶50)浸种 30 分钟;40%多菌灵 0.1%或 25%瑞毒霉 0.1%浸种 30 分钟,晾干播种。

(2)药物拌种:用种子重量 0.2%的 50%多菌灵可湿性粉剂或 50%苯菌灵可湿性粉剂、80%喷克可湿性粉剂拌种,对控制苗期茎点枯病有效;用多马霉毒、0.3%敌菌丹、0.3%福美双、0.1%~0.3%多菌灵拌种(多菌灵用量按有效成分计算为种子量的0.3%)进行种子消毒。

第三节　黑芝麻种子的提纯复壮

任何一个良种,经一段时间种植后,由于自然条件、栽培条件、天然异交、生物混杂和收获时脱运等环节中机械混杂,导致品种退化,削弱了良种的丰产性、稳产性和整齐一致性,优质也受到影响。因此,必须根据不同品种的特征进行提纯复壮,发挥良种本身的增产潜力。

1. 良种繁育程序

按照国家对芝麻良种的四级种子标准,为保证质量,应严格繁育程序。

(1)原种繁殖:为保证质量,原种繁殖应由育种单位繁殖,特别是杂优不育系和恢复系,应在有隔离的条件下繁育。自然条件下繁育,其周围至少1000米以内不能有别的芝麻品种种植,特别是不能有白芝麻品种种植。网室隔离繁育,其网室内不能让蜜蜂及其他昆虫自由出入。

(2)一级良种生产:可在种子基地进行,尤其是杂优制种,条件要求严格,不可轻易在一般条件下制种。

(3)二级良种生产:可在各级种子公司(站),有组织地进行大量繁殖符合三级良种标准的种子,供大面积生产使用。

芝麻繁殖系数高,一般1:100。因此,各级原、良种生产,可根据预测需求种子量,确定各级原(良)种种植面积。

2. 提纯复壮方法

在进行良种繁育首先应选用优质、高产、抗病性好、适合本地种植和市场需要的品种。其次要选好制种地块,良繁地块应选择地势较高,土质深松肥沃,排灌方便,2～5年内不重茬的地块,并且其周围也必须至少1000米以内不能有别的芝麻品种种植,特别是不能有白芝麻品种种植。

(1)两圃繁育法:两圃法的优点是方法简单,可较快生产大量原种,适合农户和小型原种场自选留种。此法也可在提纯复壮的同时选出新品种。

第一年,在种子田、丰产田选择株型、叶形、开花习性、熟性、蒴果大小和形态等性状和原品种基一致的优秀单株,并编号。

第二年,分单株顺序进行种植(即株行圃),在生育期间同原种进行比较。种植小区面积不小于 3 平方米,每个单株种 1～2 行,行距 0.4 米,行长一般 6～10 米,每隔 20 行种 1 行原品种做对照,以便评选。在各主要生长阶段,要进行观察比较,成熟时先将病株收掉,然后,再将正常植株收获,收获时进行综合分析鉴定,表现不好的全部淘汰,符合标准的留作下年原种圃种子,其中表现特别优秀的单株,要单独收获、贮藏,作为选育新品种的材料。

第三年,将上一年通过鉴定比较后混合收获的种子播入原种圃,扩大繁殖。

(2)混合选择法:即一圃法。该方法繁育简便,种子质量较高,比较适宜于分散产区农民自行繁育留种。第一年根据良种特征选择整齐一致的优秀单株进行混合脱粒,作为第二年种源。在第二年种植的各生育期间,进行去杂去劣,将收获种子作为下年大田或种子田供种。

(3)块选法:该方法主要利用纯度较高的良种田块,在生育时期去杂去劣,收获前去掉病死株,将正常植株统一收获作为下一年生产用种,农民可直接使用。这种方法简便,繁育推广良种速度快,但种子质量不如上述两种繁育方法。

第三章　黑芝麻栽培管理

良种不是增产的唯一办法,只有良种良法配套,才能发挥良种的增效作用。每个品种都有其独特的栽培要点,这些栽培要点就是该品种优良的栽培方法。

第一节　栽培季节和茬口安排

一、我国的主要芝麻产区

根据我国各地的自然条件、耕作制度、品种类型和区域的划分,将我国芝麻的产地分为 4 个自然区域。

1. 东北、西北春芝麻产区

东北、西北春芝麻产区包括黑、吉、辽、内蒙古、宁、甘、新、青、冀北和陕北等地区,黑芝麻种植多为零星种植,且多以混作较多,成片大面积种植的较少,面积占全国总面积的 10% 左右。

2. 华北早熟夏芝麻产区

华北早熟夏芝麻产区包括京、津、冀、晋、鲁、豫等陇海铁路以北地区,芝麻种植面积占全国总面积的 12% 左右。

3. 黄淮夏芝麻产区

黄淮夏芝麻产区包括豫南、皖、鄂、苏北、川等陇海铁路以南地区,芝麻种植面积占全国总面积的 70% 左右。

4. 南方春、夏、秋芝麻产区

南方春、夏、秋芝麻产区包括赣、浙、闽、粤、琼、桂、黔、滇、台等地区,芝麻种植面积占全国总面积的 10%左右。

二、不同栽培季节的茬口安排

在芝麻生产的过程中,许多致病的病原菌如茎点枯病、青枯病、疫病等,都是在芝麻收割后,残留在土壤中越冬。如果第二年重茬种植芝麻,这些病原菌就会成为重茬芝麻的侵染来源。若重茬时间越长,土壤中的病原菌就会越多,芝麻的病害也会越来越严重。受病害侵染,芝麻植株会出现发育不良、单株矮小、落花少蒴等病状,严重的甚至会发生大片凋萎死亡。

芝麻是需肥较多的作物,对氮、磷、钾需要较多,如果连茬种植,就会打破土壤肥力平衡,造成氮、磷、钾缺乏,芝麻产量难以提高。所以,芝麻连茬种植是不科学的,应当避免。芝麻不仅对重茬敏感,而且对上年不同夏播作物的反应也不同。一般间隔 2~5 年种一次芝麻,一年夏播的大豆、红薯的田块,种植芝麻最好,其次为玉米,棉花再次之。而上一年种植瓜茬地,一般不宜种芝麻。

我国芝麻产区分布较广,因不同地理气候、土壤类型和种植制度差异,形成了不同的轮作方式。根据各地芝麻播期的不同,划分为春芝麻、夏芝麻和秋芝麻三种轮作方式。

(1)春芝麻产区:春芝麻主要分布在一年一熟和二年三熟地区,如华北、东北等芝麻产区,其种植面积占我国芝麻总面积 10%左右。春芝麻一般在 5 月上、中旬播种,8 月下旬左右收获。由于春芝麻播种时间较早,生长时间充足,易于管理,一般单产较高。春芝麻的轮作方式主要有以下几种:

①春玉米(或春高粱)→春芝麻→春小麦→春大豆→春玉米(或春高粱、春粟);

②春甘薯(或春棉花)→春芝麻→冬小麦→夏玉米或夏粟、夏大豆、夏花生等;

③夏甘薯(或夏大豆)→春芝麻→夏粟或夏花生。

(2)夏芝麻产区:夏芝麻主要分布在我国两熟制地区的黄淮、江汉平原及长江流域,其种植面积占我国芝麻面积的70%左右,是重要芝麻商品基地。夏芝麻一般5月底至6月初播种,9月上中旬收获。前茬多为小麦,部分是蚕豆、大麦、油菜,其主要轮作方式有以下几种:

①小麦(或大麦)和豌豆混播→夏芝麻→冬小麦→夏大豆(或夏甘薯);

②豌豆(或蚕豆)→夏芝麻→冬小麦→夏玉米→冬小麦;

③蚕豆(或油菜)→夏芝麻→冬小麦→麦套棉;

④蚕豆(或油菜)→夏芝麻→冬小麦→夏甘薯→春棉花;

⑤冬小麦(早熟品种)→夏芝麻→冬小麦→夏大豆(或夏甘薯)。

(3)秋芝麻产区:主要分布在一年三熟或两年五熟制地区的长江下游及东南的江西、广东、安徽、浙江、福建等地。其种植面积占我国总面积的10%以上。如江西是我国黑芝麻生产基地。秋芝麻一般在7月上中旬播种,9月中下旬收获。其主要轮作方式有以下几种:

①麦垄大豆→秋芝麻→冬小麦或油菜;

②早稻→芝麻→油菜→花生;

③蚕豆→早大豆→秋芝麻→冬小麦→棉花;

④冬小麦→夏芝麻→冬小麦→夏大豆;

⑤大麦→大豆→芝麻→小麦(或油菜)。

随着种植制度的改革,在轮作方式方面农民积累了丰富的经验,开创了一些新的途径。如淮北等地在油菜收后种芝麻,芝麻收后种大白菜,再种一茬晚小麦,一年三熟,经济收入也很可观。

第二节 不同季节的栽培方式

我国南北纬度差别大,生产可根据春芝麻产区、夏芝麻产区和秋芝麻产区各自的气候特点,把播种期安排在各适宜生长的季节里,尤其要把蒴果生长期安排在月平均温度最适宜的季节,以达到高产优质的目的。

一、春芝麻栽培技术

春芝麻栽培指在 5 月上、中旬播种,8 月下旬左右收获的芝麻。

(一)春芝麻露地栽培

露地栽培就是根据黑芝麻在自然状态下的生活习性,利用自然气候、土地、肥力等条件进行栽培的栽培方式,露地芝麻栽培仍是目前我国黑芝麻主要的栽培形式。

1. 地块选择

芝麻对土壤的适应性较强,除过沙、过碱(适宜的土壤 pH 值5.5~7.5)和排水不良的重黏土不宜种植外,无论山冈、丘陵和平原的各种土壤,不管肥沃和瘠瘦,前茬无芝麻种植或轮作 3~4 年以上,地势高燥、排水方便、透水性良好的轻壤土至中壤土的地块均可种植(芝麻怕渍,种在地势低洼、排水不良的土壤中,最易受渍减产)。

长期以来,人们对芝麻高产增效栽培的第一关选地并未重视,除少数主产区外,芝麻大多种植在土壤肥力低,耕性差的丘陵地区或河湖泛滥地区,造成芝麻单产较低。因此,芝麻高产增效栽培应首先把好选地关,选用良田、中高产田种植芝麻才能取得较高的产量和好的收益。

芝麻的根系分泌物对禾谷类作物有利,但对芝麻不利,易产生严重病害。因此,芝麻忌连作,应与高粱、玉米或谷子进行合理轮作。

2. 整地

芝麻为双子叶植物,种子很小、幼芽细嫩,顶土力弱。播种前要进行精细整地,做好耕翻耙压保墒,拣净茬子,打碎土块,使土壤细碎。

芝麻根层分布浅,浅施底肥增产效果好。优质农家肥料为主底肥的使用量应占总施肥量的 50% 以上,再配合一定量的氮、磷、钾肥,播前结合整地翻埋土中。如前茬作物已施入大量农家肥或其他慢性底肥,利用其后效作用可不施底肥。单产 75 千克左右地块,一般要求施农家肥 1500 千克,过磷酸钙 15～20 千克,硫酸钾或氯化钾 3～4 千克(砂姜黑土可以不施钾肥),尿素 2～3 千克或碳酸氢铵 10～15 千克。单产 100 千克左右地块,每亩施入农家肥 2000 千克,过磷酸钙 30～35 千克,钾肥 4～5 千克(砂姜黑土仍可不施),尿素 4～5 千克,或碳酸氢铵 15 千克左右。另外可补施硫酸锌 1 千克,硼砂 0.2 千克。单产 125～150 千克地块,每亩应在施入农家肥 2000～2500 千克的基础上,施过磷酸钙 50 千克左右,钾肥 4～5 千克,尿素 5～10 千克或碳酸氢铵 20 千克左右,同时配施硼、锌等微量元素。如土壤有机质含量高,也可不施农家肥,而直接以相应含量复合肥或其他化肥作底肥。

3. 开沟作畦

春芝麻露地播种,冬、春闲时间长,不存在抢收抢种的“双抢”矛盾,有足够时间精细整地、开沟作畦、作垄。

如实行垄作芝麻,垄底宽 80 厘米左右,沟宽 30 厘米,垄高 20～30 厘米,垄顶宽 40 厘米。一垄种两行芝麻,实际是宽窄行种植(宽行带沟 70 厘米,窄行 40 厘米),株距按品种分枝习性而定。

如实行畦作芝麻,畦底宽 2.0～2.5 米,一畦 4～6 行,畦沟宽 30～40 厘米,沟深 20 厘米。可采用等行距或宽窄行种植,但宽窄行种植,有利于通风透光,边际效应好,病害轻,产量高。

4. 播前准备

选用优质、高产、抗逆性强、商品性好的黑芝麻品种后,播前 1～2 天选择晴天按本书第二章讲述的方法对芝麻种子进行播前处理。同时,农家肥要在播种之前运到田间地头;混施的化肥要购买好;各种农机具,特别是播种器,播种前均需要检查调整好。

5. 播种期

芝麻是喜温作物,高产增效栽培必须将芝麻生长季节安排在高温季节里,以适应生长期间对光、温、水、气、土、肥的需求,因此,露地春芝麻栽培要适当晚播,避免苗期冷害。一般露地春芝麻在地温稳定在 16℃以上时即可播种。东北、西北、华北北部地区为防止倒春寒,一般于 5 月中、下旬播种。黄淮地区春芝麻可在 4 月下旬至 5 月上旬播种。

6. 播种方式

露地芝麻栽培有条播、点播、撒播三种播种方式,但无论何种播种方式,芝麻适宜的播种深度,一般以 3.5 厘米左右为宜,最深不应超过 5 厘米,过深过浅均会影响芝麻出苗,造成芝麻缺苗断垄。

一般来说,条播和撒播要比点播的播种量多些;黏土地出苗困难,应当比沙壤土播种量要多一些。一般撒播的亩播种量为 0.45 千克,条播的亩播种量为 0.35 千克,点播的 0.25 千克,正常情况下亩播种量不超过 0.5 千克。几种播种方式各有优缺点,使用时要因地制宜的选用。

(1)条播:单秆形品种一般采用窄行条播,行距 33～40 厘米,株距17～20厘米;分枝形品种可采用宽行条播,行距40～50厘米,株距20厘米。

条播时可根据行、株距配制的要求,选用小型的单腿、双腿条播器,谷物条播机可用于播种芝麻。条播时要注意避免覆土过深及下子过稠或漏播。同时,条播下种集中,应及时疏苗、间苗。为使播种均匀,可掺入同芝麻大小、相对密度相似、芝麻种子量的1～2倍的有机肥或碎土粒,混合进行条播。用锄、镐人工开沟播种,也要浅播浅盖,盖种以看不见种子为度,切不可盖深。

(2)点播:多为零星产区小面积使用,易于全苗和保证密度。行距33厘米,穴距20厘米,每穴播种约10粒,播后盖上1～2厘米厚的土杂肥,稍加压实。点播时,先根据密度定出行距和穴距,用工具开穴或开沟,每处点播3～4粒种子,然后覆土。点播可以先下种子,后盖土杂粪或土;也可以将土杂粪与种子混合均匀,进行点播。一般土壤墒情好时可浅覆土,轻轻压实后就能及时出苗。在干旱时,可点水播种,以保全苗。点播的优点是行株距一致,深浅均匀,节省种子,管理方便,而且在土壤缺墒时,能借底墒或点水播种,易一播全苗。缺点是费工费时工效低。

(3)撒播:撒播是芝麻产区主要的播种方式,是将种子混合土杂肥(或蒸熟的芝麻)撒于地面,播后用耙轻耙一次,并轻压。麦垄间撒播时,可稍加大点播量,不用耙压。在"双抢"季节,为了抢墒不误农时,常采用此种方法。为力求撒播种子均匀,播前用有机肥或细土拌种后将种子抛出撒开,播后浅锄或浅耙盖种。芝麻高产栽培,不主张撒播,因此法不易控制密度,不便中耕除草等田间管理。

7. 田间管理

芝麻苗期是指从出苗至现蕾,大约需1个月左右时间,是芝麻的营养生长时期。由于芝麻幼苗生长缓慢,苗期易受苗荒、草荒及病虫危害,因此必须加强苗期管理。这一时期的栽培管理目标是壮苗早发,措施是以控为主,控中有促。

(1)查苗补苗:春芝麻播后 5～6 天,如不能及时出苗或出苗不全,应立即查找原因,采取措施。对缺苗严重的,要及早重播;局部缺苗的,应用同一品种及时催芽补种;少量缺苗的;可移苗补栽。播后遇雨,雨后猛晴,地面的碎土易形成硬壳,应及时用钉耙横耙以破除板结,助苗出土。

(2)间苗定苗:芝麻每亩的实际留苗数,只占播种量的 10%～15%,其余的均需间除,如不及时间除,就会造成"苗荒",幼苗相到拥挤,形成线苗,因此,要及时间苗。间苗、定苗的原则是出苗多时,多间苗;出苗少时,多留苗;出苗不多不少时,去劣苗、弱苗,留大苗、壮苗。

条播芝麻,一般分 3 次间、定苗,即"一疏、二间、三定",这样可保证留苗密度,保留大苗壮苗。一般芝麻分两次间苗,第 1 次间苗(也称疏苗)宜早,即芝麻出苗后 3～5 天左右,长出第 1 对真叶时进行,拔除过密苗,间距 2 厘米左右。在风调雨顺、病虫害少的正常年份,一般于 2～3 对真叶时,进行第 2 次间苗,间苗后间距 7～8 厘米。在 3～4 对真叶时,进行定苗,春播、肥地行距 40 厘米,株距 15 厘米。

(3)中耕除草:中耕的时间和深度应根据天气、土壤墒情和苗情来确定,但切忌在雨前中耕除草。第 1 次中耕通常在幼苗间、定苗时一并进行,中耕宜浅不宜深,以除草保墒为主,防止过深伤根,除草以后一般在播种后用除草剂封闭;第 2 次中耕在芝麻长出3 对真叶时进行,深度 5～6 厘米为宜;第 3 次中耕宜在 5 对真叶时进行,深度可达 8～10 厘米。结合最后 1 次中耕,进行培土封根,以利排水和灌水,以利防除渍害和干旱,以利减少病害,防止倒伏。

(4)适宜浇水:芝麻是一种不抗涝作物,在苗期只要墒情好,一般不浇水。开花结蒴期,若雨量充足不浇水,并注意排涝,如遇天气干旱要适当浇水。在封顶期,如果秋旱少雨应浇水,以促使籽粒饱满,增加产量。灌溉的方法有沟灌、喷灌,切忌大水漫灌。

①沟灌:水引入畦沟,进行浸润性灌溉,灌溉时畦沟有明水,畦面无明水;水从高处顺沟往下流,用草把子堵畦沟,分段灌溉;结合人工浇水,防止漏灌和灌水不匀;最后灌到低处时,畦面渗透,使水慢慢渗透到耕层内的土壤中。这样,沟内无明显的大量渍水,不易出现渍害反应,又可节约用水。

②喷灌:采用叶面和根部喷浇两种方法,其优点是用水少,喷水匀,且叶面喷水充分发挥根、茎、叶的吸收作用,可使冠层起到降温、加湿改善小气候的作用。喷灌成本虽然略高,但可节水灌溉。

灌溉时间以下午5时后灌溉最好,避开高温灌水对芝麻生长的不利影响。灌溉前做好工具和水源的准备工作;灌溉结束后,一定要进行清沟,以免积水造成渍害,下雨之前不要灌溉,以免灌水、雨水积累造成危害。水顺沟流时或辅助浇水时不要碰伤芝麻,并防止泥水溅到嫩叶上。

(5)适时追肥:芝麻植株生长高大,一生不同时期靠底肥难以满足其生长发育需要,尤其对那些不施或少施底肥的地块及薄地,追肥更为重要。追肥的方法可分为地面追肥和叶面喷施两种,追肥的原则是苗期轻、初花期重、中后期喷。

①地面追肥:在苗期,如土壤肥沃,底肥充足,幼苗健壮的,可不追苗肥。如土壤瘠薄,底肥不足或播期过晚应尽早追施提苗肥。

追施时间为分枝型品种在分枝前,单秆型品种在现蕾前,一般每亩追施尿素3~5千克。现蕾至初花期,植株生长速度加快,消耗养分增多,这一阶段追肥能够促进植株茎秆健壮生长,增加植株有效节位,增加蒴果数。可根据芝麻生长情况,每亩追施7.5~10千克尿素。磷、钾肥不足的地块还要追施少量磷、钾肥。如每亩追施 7.5～12.5 千克复合肥,增产效果较好。底肥、前期追肥较足的田块,盛花至结蒴期可不追肥或少追肥。

芝麻追肥应与中耕、抗旱浇水、田间管理等工作密切结合,采取开沟条施和穴施为最好。如劳动力紧张,追施肥料最好在雨前,叶片无露水时撒在播种行内,切忌雨后将肥料撒在叶面上,这样撒下的肥料会烧坏叶片。追肥以尿素或三元复合肥为宜。

②叶面喷施:叶面喷肥可以较好地补充芝麻中、后期植株养分不足,对增加单株蒴果数和粒重,保持绿叶有较长时间的光合作用,具有较大的作用。芝麻叶片大,茎和叶的表面密生茸毛,还有很多较大的气孔,能够黏附和吸收较多的肥料溶液。所以,芝麻叶面喷施肥料,吸收效果好,能均匀地进入茎、叶组织内,迅速参与代谢作用。据中国农业科学院油料研究所的试验,花期喷磷酸二氢钾 1～2 次,每亩增产 3～24 千克;在芝麻苗期喷施 0.2％的硫酸锌、硫酸锰、钼酸铵和在花期喷施硼砂,分别比对照增产 7.5％～13.6％。在芝麻苗期、花期喷施 0.2％硼肥、终花期喷施 0.2％硼肥或喷 0.3％磷酸二氢钾溶液,每亩增产芝麻 11～17 千克。芝麻喷肥一般应选择晴天上午 9～11 时或下午 17～19 时较宜。早晨喷肥因露水未干,叶片吸附力弱,中午气温高,日照强,蒸发快,喷施效果差。若喷施后未过 3 小时下雨,应在天晴时重喷 1 次。

(6)控旺防衰:苗期以促根与控制苗高为主,视苗情进行化控 1～2 次,以降低腿位,力争达到苗全、苗齐、苗匀、苗壮与早发;稳座幼蒴之后采取促控结合,在确保肥水充足而适宜的基础上,应结合病虫防治多次喷洒微肥、激素与生长调节剂,促使蕾、花、蒴的分生与茎叶的稳长,力争生育中期根深叶茂、节短、蕾花蒴多、生长稳健;终花期以养根保叶延缓收获为主,可适度喷洒叶片保护剂,补充营养,延缓叶片衰老,力争生育后期落色正常、粒重籽饱为主。常用的延缓剂为矮壮素、增产灵、赤霉素、磷酸二氢钾、缩节胺等。

①矮壮素：芝麻苗期使用，可使芝麻茎枝粗壮，结蒴部位降低，节多蒴多，粒重增加，增产35％。使用方法在芝麻2～3对真叶期，连续喷洒浓度为30毫克/千克的矮壮素药液2次，两次间隔7天，每次每亩喷液50千克。

②增产灵：促进生长发育提高结蒴率，增产10％～20％。使用方法是在芝麻始花期连续喷洒2次，间隔期7天，喷用浓度在肥地为10毫克/千克，瘦地为20毫克/千克。每次每亩喷药液50千克。

③赤霉素：增加分枝数，加大结蒴密度和扩大叶面积，增产17％。使用方法是于芝麻始花期用10毫克/千克的赤霉素溶液50千克喷叶1次，喷用后，芝麻进入花期后加速生长，叶色变淡，易出现脱肥现象，应于初花期每亩追施尿素10千克，使肥水供应能适应加速生育的需要，从而保证芝麻增产。

④磷酸二氢钾：在芝麻初花期喷施后，能及时提供磷钾营养，从而增加蒴果，提高粒重，增产15％～20％，施用方法是在芝麻初期喷一次后，间隔5～7天再喷1次。每次每亩用磷酸二氢钾200克，加水50千克，稀释后选择，晴天下午或阴天，均匀的喷布于芝麻叶正反面。缺硼土壤应每次加硼肥50克混合喷施。

⑤缩节胺：芝麻初花后10～15天，亩用缩节胺4～5克喷雾，可抑制上部无效开花结蒴，节制顶端延续生长，减少上部无效蒴果竞争植株养分，加强有效蒴果养分供给源，达到蒴壮粒饱，增产的效果。

(7)适时打顶：打顶是一项简单易行、行之有效的增产措施，打顶可抑制无效生长，调节、平衡营养生长和生殖生长，使上部蒴果籽粒饱满，千粒重增加，一般可增产10％～15％。一般在7月底至8月上中旬对仍开花的芝麻，趁晴天用手或剪刀将顶尖3厘米的花序去掉，以集中养分供应已形成的蒴果，有利于提早成熟，提高产量和质量。打顶后立即喷施 1 次 800 倍的多菌灵和 0.3％的磷酸二氢钾混合液，可以提高芝麻叶片后期的光合效率，延缓叶片衰老，提高粒重，增加产量。

(8)病虫防治：根据田间病虫害情况进行相应处理，具体方法见本书相关部分。

(9)渍害的预防：芝麻遭受渍害后，生长发育受到阻碍，长势变弱，苗黄矮小，导致病害情况加重，一般病情指数相对提高到 80％以上，轻则秕粒增多，重则萎蔫死亡，且容易发生病害。因此，雨后发生积水，一定要及时进行清沟理墒，严格防止渍害的发生。

防止渍害的发生，一是要选择高燥地块；二是要整地平整，实行"三沟"配套，雨后发生积水要及时清沟；三是要选用耐渍性强、抗病性强的品种；四是对受渍未死的芝麻及时采取补救措施，即及时进行清沟排渍；用喷雾器喷洒清水，洗去芝麻叶片、茎秆上的污泥；松土通气，培苗扶苗，恢复生长；及时追施尿素，隔 10 天再追施 1 次；渍后芝麻尚未定苗的可以进行定植补缺，单秆型每亩留苗 1.5 万株，分枝型每亩留苗 1 万株；除渍后要注意防旱、防病虫害。

8. 适时收获

黑芝麻成熟时，表现为蒴果变黄，籽粒变黑。这时应及时收获全株，扎把，每把 20 株左右，头朝上放于墙边或若干把互相依靠晾晒。

(二)春芝麻地膜覆盖栽培

芝麻地膜覆盖栽培技术是在芝麻常规栽培的基础上引入塑料薄膜进行栽培的技术方法。

地膜覆盖栽培多用于早播春芝麻，早播春芝麻地膜栽培一般能使地表 5 厘米的地温提高 2～5℃，使春芝麻提早10 天播种；北方春季多干旱，地膜覆盖栽培，能大大减少土壤水分蒸发，同时地下水分遇高温逐渐变成水蒸气，在地膜内侧凝结成水珠，回滴到地表,使土壤水分保持相对平衡;在雨涝时,地膜能阻止大量雨水的下渗,加速地表径流,促使降水的快速排出,防止渍害发生;地膜覆盖后,可抑制膜内杂草生长。早播春芝麻地膜栽培由于改善了近地小气候和土壤的环境条件,提高了芝麻的抗御旱、涝、病等自然灾害的能力,从而有效地促进生长发育,且比常规栽培一般增产10%左右。

1. 地块选择

地膜覆盖黑芝麻栽培,生长发育快,生长量大,对肥水需要量较多。因此,应选择耕层深厚,土壤肥力中等以上,保水保肥力强,排灌方便的地块。

2. 选用优良品种

地膜覆盖后,芝麻有效生育期延长。因此,适宜种植一些耐涝、抗病、丰产潜力大的中、晚熟优良黑芝麻品种。只有选用中、晚熟黑芝麻品种,才能充分利用生长季节,提高产量。

3. 整地、施肥、起垄

由于覆膜栽培后期施肥不便,因此应结合整地一次性施足底肥。在亩产 150 千克的田块上,耕地时亩施优质土杂肥 2500~3000 千克,磷酸二铵 40 千克,尿素 10 千克,硫酸锌 1 千克,硼砂 0.5 千克,氯化钾 10 千克(也可用等量的碳酸氢铵和尿素,配合适量的过磷酸钙施入,每亩施尿素 10 千克,磷酸氢铵 50 千克,过磷酸钙 50~75 千克)。为防治地下害虫为害,耕地时亩用 5%甲拌磷颗粒剂 1.5 千克或 10%辛拌磷粉粒剂 800 克,兑细干土 15~20 千克,撒于地表后翻犁。整地时做到耧平耙细,上无块,下无卧垡。若墒情不足,要浇好底墒水。

地膜芝麻必须实行畦作,一般每隔 80 厘米起一畦,畦沟宽 30 厘米左右,深 20 厘米以上。畦宽要视膜宽而定,一般要窄于地膜 20 厘米左右,以便两边盖膜压土。畦面要平整土细,无土块,无杂物。

4. 地膜选择

一般来说凡无色透明的各种规格的农用薄膜均可使用,但过厚投资大,过薄拉力小易撕破,过宽不便于操作,过窄费工费时。一般选用以宽度为 200 厘米,厚度为 0.004～0.007 毫米的透明地膜为宜。每亩需要此种地膜 2～5 千克。

5. 适时播种

播前按照本书第二章的方法进行种子处理。地膜栽培芝麻播种期比露地芝麻提前 10～15 天,在华北地区早茬芝麻适宜播期选择在 4 月底 5 月初播种,过早地温低、生长缓慢,易发生病虫害,过晚又起不到早茬的目的。

当土壤墒情适合时,要立即播种,播后要立即覆膜;在墒情不好时,则应先进行灌溉造墒,播种后覆膜。在墒情好、劳力不足的情况下,也可采用先播种待出苗后再覆膜的办法(边覆膜边放苗),此法可缓解劳力紧张的矛盾。

地膜芝麻采用点播或条播,一般可先播种后盖膜,每畦所种芝麻行数要根据畦宽而定,可宽窄行种植,也可等行距种植,但在畦面窄时最好选用宽窄行种植。等行距种植,行距 40 厘米左右;宽窄行种植,宽行 50～60 厘米,窄行 30 厘米左右。

地膜覆盖后,膜内高温有强烈的抑草作用。但是,由于地膜春芝麻播种早,气温较低时,也会形成膜内杂草滋生的条件,膜下杂草易将地膜抬起来,甚至顶破地膜,影响覆膜效果。因此,覆膜芝麻应施用除草剂(芽前土壤处理剂)进行化学除草。由于地面温度增高,除草剂的杀伤能力增强,所以除草剂的用量不宜过大,实际用量比不覆膜的地块少 1/3 为宜。

6. 覆膜

覆膜可使用机械或人工进行,但必须做到垄面平整,地膜与土

面贴实,地膜封严,凡有孔洞处均应用土盖严。覆膜时要做好以下几点:

(1)墒情不足时播种,一定要等降雨或灌溉后墒足时覆膜,以保证一播全苗。

(2)覆膜时要将膜拉展铺平,紧贴地面,以防刮风上下扇动,使地膜破裂或被风刮起,影响覆膜效果。

(3)要将地膜四周埋入土中5~7厘米,并压紧压实。为了防止大风揭膜,在覆盖好的地膜上,每隔3~5米撒上一些土。

7. 覆膜后管理

(1)护膜:早春露地地膜栽培时偶有疏忽便会被大风吹跑或刮坏,所以要随时看护。如果薄膜有透气、破损的地方,也要及时用土压严,以免影响地膜保温、保湿能力。

(2)及时放苗、间苗、定苗:地膜芝麻在4月底5月初播种的,一般4~5天可出苗。当出苗率达到50%以上时,要在上午7~10时或下午17~19时破膜放苗(阴天可以全天放苗),以防高温灼苗。放苗时,要按照原定株距进行,一般用刀片或铁钩将苗顶上部的地膜划一个小十字口,让苗露出膜面,随后再用细土将幼苗四周地膜压紧即可。每个放苗孔,要放出3~4株幼苗,以防缺苗。对膜下多余的幼苗,则让膜内高温将其自然烫死。

地膜覆盖的幼苗生长快,如果间苗、定苗不及时,易形成高脚苗,必须及时间苗。因此,1~2对真叶时间苗,3~4对真叶时定苗,根据不同品种合理密植,一般单秆型每亩1万~1.2万株,分枝型每亩0.6万~0.7万株。定苗时发现缺苗,要移苗补缺。

(3)现蕾前的管理:出苗后30~35天,要做好病虫害的防治工作。同时对畦沟进行清理和疏通工作,以便雨后及时排水。

(4)追肥:在植株初花期每亩用尿素10千克,趁下雨后或晴天追施。追施时用小铁铲或竹棍将一头削尖,在芝麻根部附近穴施,并立即将土封好。再隔 15 天用同样的方法亩追施尿素 7.5 千克＋磷酸二氢钾 3 千克。

(5)适时排灌:地膜覆盖虽可防旱防涝,但在久旱不雨或久雨不晴排水不畅的情况下,也易发生旱涝灾害,所以,当旱情出现时要及时顺沟灌水,灌水时忌田间积水。气温高大气干燥时,为延长花朵寿命,在上午 10 点前及下午 5 点后向芝麻株间喷洒清水,连续喷洒3~5 天。

(6)化控:在苗期喷洒 150 毫克/千克的缩节胺,促根蹲苗。现蕾至 8 月上旬除及时小打顶外,每 5~7 天叶面喷洒1 次叶面宝、喷施宝、高产宝、TA 增产粉、光合细菌液、细胞分裂素、抗旱剂等植物生长调节剂,并结合喷施 0.1%~0.2%硼砂、0.1%尿素、1%磷酸二氢钾,促花增蒴。

(7)病虫防治:现蕾后每隔 1 周,不管有没有病虫害发生,亩用50%多菌灵 800~1000 倍液＋40%氧化乐果 200 毫升、病毒 A 或抗毒丰 2000 倍液＋0.3%的磷酸二氢钾、75%托布津或 70%乙磷铝＋44%多虫清等配方交替使用,一直到终花后。

(8)终花期至收获前的管理:芝麻 70%的产量构成要素均在此阶段形成,最大限度的延长这一生育时间是超高产成败的关键,此期主要以养根护叶为主,除保持田间土壤中有适度的水分外,还应适时向叶面喷洒黄腐酸 4000 倍溶液或 1%的尿素液及低浓度的其他微量元素,保证在芝麻收获期仍有 2~3 片绿叶存在,使至正常缓慢落色。

(9)适时收获:8 月下旬至 9 月上旬芝麻成熟时要及时收获,并要小捆架晒,确保丰产丰收。

二、夏芝麻栽培技术

夏芝麻栽培指前茬收获后,在 5 月底至 6 月初播种,9 月上中旬收获的芝麻。

(一)夏芝麻直播栽培

我国芝麻主产区,包括河南、湖北、安徽等省的淮北、江汉平原和南阳盆地,地处东亚大陆中纬度地带,具有典型的季风气候特征。从5月下旬到9月上旬,是一年中光热资源最丰富的时段,也是适于芝麻生长发育的季节。夏芝麻的播期提早到5月中旬,5月下旬出苗,6月底前可以现蕾,整个苗期气温不太高,阳光充足,大气干燥,有利于芝麻早发和稳健生长,7月份进入汛期以后,只要做好排涝防渍工作,高温和充沛的降水有利于芝麻的旺盛生长和开花结蒴。8月中旬以后汛期已过,气温明显降低,但此时芝麻接近封顶终花,相对干燥的天气有利于芝麻灌浆结实。因此,早播芝麻表现为植株高、腿低、蒴多、蒴大、籽粒饱、千粒重高,黄稍尖短。

1. 品种选择

夏芝麻的整个生育期都在炎热的夏季,要选用耐渍、耐旱、籽粒纯白、出油率高、商品性质好、抗逆性强、高产、稳产的品种。

2. 耕耙整地,控草降渍

无论是华北还是江淮夏芝麻产区,芝麻整地正处于夏收夏种的"双抢"季节,此时气温高,蒸发量大,时间紧又易受到干旱威胁,为保证整地质量,应抢墒整地。因此,前茬小麦、油菜等作物收获后,立即耕地或深旋,耕深20厘米,耕后即耙,以翻压杂草和油菜苗。

砂姜土、黏壤土质等透水性差的地块,一般畦宽3米以内,沟宽30厘米,沟深20厘米;轻壤、砂壤等透水性好的地块,畦宽可控制在4~5米以内,沟宽30~40厘米,沟深20厘米。芝麻花期降水多,雨期长的地区,畦宽可适当放窄。实行套种的地块,要计划算好行宽、行距等。

3. 适时早播

芝麻是喜温作物,尤其是夏芝麻季节性很强,生育期仅为90～105天。如果播种过晚,后期气温降低,会直接影响芝麻的产量。因此增产的关键在于抓紧时间抢种,以便于充分利用前期有利的温光条件,达到苗全、苗壮、早发、高产、稳产的目的。播期试验结果表明:在地力水平、密度相同的情况下,5月27日播种的平均产量为115千克亩、6月4日播种的平均产量为90千克亩,提前8天播种的芝麻单产提高了22%。因此,要获得夏芝麻的高产,在播期上,油菜茬要突出一个"早"字,麦茬要突出一个"抢"字,力争在6月10号前播种完毕。为了抢早播种,可以于小麦收割前5～7天就将芝麻种播在麦垄间。最迟要随收割、随播种。

4. 播种方法

夏芝麻播种方式基本上有撒播和条播两种方法。

(1)撒播:芝麻撒播是在地整好以后,将种子均匀撒在厢面,为了播匀,可以拌少量芝麻大小的砂子或泥土,一般撒2～3遍,而后用耙镇平即可。撒播芝麻播量每亩应控制在0.3～0.4千克。撒播撒种均匀,播种速度快,时间短,播量小且易控制。但是出苗后管理难度大,留苗稀稠不好控制,如果地表墒情不足,不易齐苗,因撒播芝麻覆土较浅,表土水分散失快。

(2)条播:芝麻条播可以在灭茬整地播种,也可利用"铁茬"播种。前作收后在灭茬或不灭茬地中,用三条腿耧条播或将中间一行堵住,条播成二垄式的宽窄行,播后再用耙轻镇1次。条播每亩播量一般为0.4～0.5千克种子,若种子不够,为了播种均匀也可拌砂子或将杂芝麻在铁锅中炒熟,拌在种子中随耧条播。这种播种方法出苗集中成行,管理方便,容易均匀留苗,易掌握密度。但是往往因撑耧技术不成熟而播量太大,或播种太深出苗不齐,有时因播后暴雨地表板结,出苗不好影响苗子质量。

5. 田管管理

(1)间苗定苗:芝麻出苗后 3～5 天,长出第 1 对真叶时,就应该进行第 1 次间苗;当芝麻出现第 2～3 对真叶时,这时要去弱苗留强苗进行第 2 次间苗,并给予初步定苗;在第 3～4 对真叶时进行移苗补苗。补苗应在雨后或阴天傍晚进行,移植后淋水定根。为了预防间苗定苗过程中发生病虫害和机械损伤,一般分 3 次间苗和定苗为宜,即是一疏二间三定苗,即"稀留密、密留稀,不稀不密留壮苗"。要做到留匀、留稠,不留双株苗。一般单秆形品种每亩留苗 1.1 万～1.5 万株;分枝型品种每亩留苗 0.8 万～1.0 万株。

(2)中耕培土:芝麻出现第 1～2 对真叶时,即开始第 1 次中耕,此时以灭茬锄表土为主;当芝麻长出了第 3 对真叶时,要进行第 2 次中耕,这次可以深耕 3～6 厘米;当出现了第 4～5 对真叶时,为第 3 次中耕培土,这时的中耕深度可以达 8 厘米左右。在第2、第 3 次中耕培土时要做到除草封根的作用,有利于根系的生长,有利于排除田间积水,防止渍害,有利于减轻病害的发生,同时还有除草、保墒、提高低温和防止倒伏的作用等。但要注意芝麻封行后应停止中耕,同时疏通田间沟和田边沟,防止渍水。

(3)科学施肥:夏芝麻丰产栽培,在施肥上要做到重施、浅施基肥,适量施用种肥,重施花蕾肥,补喷磷、钾肥;以有机肥为主,配合施用磷、钾肥,尽量减少化肥用量,以改善芝麻品质。每生产100 千克芝麻需氮肥 6.24～8.13 千克,磷肥 2.19～3.28 千克,钾肥 6.24～10.19 千克。但是,在夏芝麻种植中,农民多数不施基肥,追肥也仅仅追施尿素或少量复合肥。肥料施用不合理,严重影响着芝麻增产潜力的发挥。因此,要采取以下措施进行补救。

①追补基肥:对于没有施用基肥的田块,要抓紧时间追肥,预防脱肥。对于高产田,每亩施优质硫酸钾型复合肥 10 千克,浅埋

4～6 厘米深;对于中低产田,每亩施优质硫酸钾型复合肥 10 千克,加尿素 5 千克。

②重施花蕾肥:对于已施用基肥的田块,要重施花蕾肥。单秆型芝麻,在现蕾至初花期施用花蕾肥,地力薄或长势差的应适当早施;分枝型芝麻则以分枝出现时追施为宜。一般每亩追施尿素5～10 千克,加优质硫酸钾型复合肥 5 千克,或每亩追施优质硫酸钾型复合肥 10～15 千克。

③补喷磷、钾肥:在夏芝麻初花期,每亩用 0.3％～0.4％的磷酸二氢钾溶液 50 千克,每 5～6 天均匀喷施 1 次,连喷2～3 次。同时也可每亩间隔喷施硼砂、钼酸铵溶液或硫酸锌溶液 50 千克,每亩可增产 10％以上。一般硼砂喷施浓度为 0.2％,钼酸铵为0.05％,硫酸锌为 0.2％。

(4)科学排灌:芝麻在整个生育期内对水分的需求反应就非常敏感,不能长时间的干旱又不能渍水。芝麻苗期的需水量较小,如果播种时的墒情好,即能满足苗期对水分的要求,可不必浇水。但是进入开花结蒴期后对水分的要求十分严格,此时既怕渍水,又怕干旱,此时要做到遇旱及时浇水,遇涝及时排水。并且要做到雨前不中耕,雨后不渍水,经常保持土壤湿润。特别是现蕾以后,如遇干旱,产量会明显降低。到封顶期需水量逐渐减少,如果在开花结蒴期的湿度保持较好,那么这时一般不需要进行浇灌。

(5)根外追肥:夏芝麻在初花期到盛花期需肥量较大,尤其是在现蕾开花期,芝麻对磷、钾元素养分的需求明显增加,因此必须采用氮、磷、钾和微量元素肥料配合,根际、根外施肥相结合的办法进行科学追肥,以满足芝麻对肥料的需要。

夏芝麻苗期生长缓慢,根吸收养分的能力弱,若底肥不足而造成的幼苗瘦弱,就应尽早追施提苗肥,但用肥量要小,否则很容易引起高腿苗。一般单产 75～100 千克的田块,追施氮磷钾三元复合肥15～30千克、硫酸钾1千克。因为此时芝麻根系较浅,追肥时应尽量浅施。

夏芝麻现蕾到初花期,生长速度明显加快,此时若及时追肥就能促进花芽分化,提高结蒴数量,此时正是花芽分化时期,芝麻营养生长和生殖生长同时并进,此时追肥效果最好。追肥应以氮肥为主,磷、钾肥为辅。

夏芝麻盛花期到成熟期边开花、边结蒴、边成熟,对肥的需求量急剧增加。此期吸收的营养物质占整个生育期间的70%～80%。此时侧根已开始大量形成,根系的吸收能力增强,植株的生长速度加快,对养分的需求量也显著增加。此期追肥既能减少黄梢尖和秕粒,还能增加千粒重。一般要求,花期追肥宜早,应分两次施入:初花后10天,每亩可追施纯氮2～3千克,结蒴后10天每亩可追纯氮3～5千克为宜。为了满足盛花期对磷钾的大量需要,每亩可用磷肥2千克、钾肥1千克,兑水50千克,混合后取其清液喷施,效果很好。

在对夏芝麻施肥时,一般在距芝麻植株10厘米左右开沟条施或点施,施入10厘米深的土层中,以利于根的吸收,施后覆土。据试验,每亩施同样的肥料,浅施(10～15厘米)比深施(25厘米)增产10%左右。在撒播情况下,腐熟的饼肥或颗粒状尿素可掺土撒施,随即中耕松土掩肥。天气干旱时,施后应喷水以充分发挥肥效。在始花到盛花期,也可进行根外追肥,如可在晴天的下午,叶面喷施0.3%～0.4%的磷酸二氢钾等化肥,更加容易芝麻吸收。

(6)田间除草:芝麻在播种后出苗前可用苗前除草剂进行封闭除草。也可在芝麻的田间管理时,结合间苗定苗,进行人工除草,或于杂草3～5叶期芝麻4～5叶期时使用除草剂消除草害。

夏芝麻田常见的杂草主要有旱稗、马塘、狗尾草、牛筋草,一些地方农民由于除草剂使用不当而造成药害,主要包括前茬除草剂残留药害和当季除草剂使用不当造成的药害两个方面,随着化学除草面积的扩大,因除草剂药害而造成的毁种重播面积逐年增加。

前茬除草剂残留药害一是麦田除草剂选用不当,误用麦稻轮作田专用的除草剂,如甲磺隆、氯磺隆及其复配制剂等,这类除草剂不仅为害芝麻,也为害大豆、花生、玉米等作物,因此在非麦稻轮作区应禁止使用;二是春季麦田使用一些持效期较长的除草剂时间过晚,特别是使用剂量超标时又遇春季干旱天气,在土壤中残留的除草剂残留量较大,因此在夏季种植芝麻时,导致药害发生。当季药害主要是农民在芝麻田使用乙草胺等地面封闭性除草剂时,为了提高除草效果,使用剂量过大,造成部分芝麻苗黄化、瘦弱,甚至枯死,因此在播种时使用封闭性除草剂时,一定要按照农药使用比例,不要过量使用,从而避免要害的发生。

(7)防治病虫害:夏芝麻主要病害有芝麻茎点枯病、芝麻枯萎病、芝麻青枯病、芝麻疫病等。防治芝麻病害应以农业防治为主,药剂防治要掌握在病害发生前喷药保护,或发病初期用药。

(8)适时打顶:在芝麻终花期时(一般7月底8月初)要及时打顶促早熟,攻粒重,减少秕子,但严禁打叶。打顶后立即喷施800倍的多菌灵可湿性粉剂+0.3%的磷酸二氢钾混合液1次,以增加芝麻后期抗病能力和光和效率,同时可延缓叶片衰老提高千粒重,实现增产增收。

6.适时采收

芝麻终花期后20天左右,茎叶及果实变为黄色,并大量落叶,还有少量出现裂果,这时便可收获。

(二)夏芝麻移苗栽培

芝麻是喜温作物,从播种到成熟,最理想的平均温度为27~33℃,特别是开花结蒴期间不能低于这个温度指标,否则会减产。根据这个要求,我国黄淮夏芝麻主产区,芝麻应在5月中旬至6月上旬播种,才能达到 6 月长苗,7 月开花,8 月灌浆充实,8 月下旬至 9 月上旬收获,满足高产对光、温、水、气等环境条件的要求。而实际上黄淮夏芝麻主产区,芝麻播种一般在前茬小麦、油菜等作物收后进行,芝麻播期往往推迟到 6 月中下旬,往往错过最佳播种期,使有利的光、热等自然资源不能充分利用,致使产量降低,品质变劣。而芝麻提早在麦前 10～15 天播种育苗,麦收后移栽,较直播具有明显的增产优势,它大大减少了芝麻生育前期的管理工作(间苗、定苗、除草等)。移栽芝麻的株蒴数增加、千粒重增多,植株抗病性增强,能够避开芝麻生育前期病害和后期低温的影响,对提高芝麻产量十分有利。试验结果表明:使用芝麻移栽技术可使夏芝麻生育期增加 20 天以上,平均单产可达 88.6 千克,比直播夏芝麻增产可达 33.23%。

1. 培育壮苗

(1)选用高产优质高抗品种:夏季芝麻移栽栽培同样要选用耐渍、耐旱、商品性质好、抗逆性强、高产、稳产的黑芝麻品种。

(2)苗床的选择:一般选择背风向阳,地势平坦,土质肥沃疏松,保水保肥能力好,排灌方便,并且在 2～3 年内未种过芝麻的旱地做苗床。留足苗床面积,是稀播培育壮苗的重要条件。苗床面积小,播种量过大,就会出现苗挤苗,形成高脚苗或弱苗,导致根系发育不良。苗床面积应根据大田计划面积和种植密度来确定,一般苗床与大田的比例为 1∶10。

(3)苗床的处理:首先翻耕晾晒苗床,然后敲碎土块,基肥以有机肥为主,每亩苗床施入腐熟猪粪 1000 千克或人粪 500 千克,过磷酸钙 20～25 千克,氯化钾 5 千克,均匀撒施在畦面上,结合整地拌和在表土层,使土、肥充分混合,然后将苗床整平作畦,畦宽 1～2 米,畦沟宽 25 厘米左右,沟深 15～20 厘米。由于芝麻种子较小,出苗顶土力弱,所以苗床整地必须做到畦面平整,土壤细碎,土层上松下实。最后用40%的多菌灵按每平方米1.2克的用量,拌干细土0.5千克,均匀撒在苗床表层并轻耪,进行土壤处理灭菌。

(4)种子的处理:播前应晒种1～2天,去杂去秕,留下粒大饱满,无病虫杂质的上等种子。选留的种子进行种子灭菌消毒晾干后即可播种。

(5)适期早播:育苗移栽应根据前茬作物的收获期来定,一般在前茬收获前20天左右播种为宜。

苗床播种一般为撒播,每亩苗床播种0.8～1千克,要求分畦定量,均匀播种,做到不漏播。播后拍实畦面,使种子与土壤密切接触。播种后每亩用1%的尿素液,或稀薄人粪尿泼浇,以浇湿畦面为标准,可促进早出苗。如遇干旱天气,播后可在畦面覆盖少量碎稻草,并浇水保湿,争取早出苗,早齐苗。如气温较低,畦面晒干表墒后盖膜搭棚,有10%种子出苗时,晴天气温高时,要早上揭膜,下午盖膜,防止白天高温和夜晚低温伤苗。

(6)苗床管理

①间苗、定苗:要求早间苗,稀定苗。第1次间苗在齐苗后第1对真叶期进行,做到苗不挤苗;第2次间苗在第2、第3对真叶时进行,做到叶不搭叶,第4对真叶时定苗,每平方米留苗180～200株,苗距5～6厘米,每亩留苗10万株左右。间苗时就去弱苗,留壮苗;去小苗,留大苗;去密苗,留匀苗;去杂苗,留纯苗;去病苗,留健苗。同时要拔除杂草,保证幼苗生长健壮。

②适时适量追肥浇水:苗床肥水管理应采取前促后控的方法,3对真叶前以促为主,3对真叶后要进行肥水控制。播种后如遇干燥天气,要及时浇水抗旱,浇好发芽出苗水,以土面不发白为宜。齐苗后,减少浇水次数,以促根系下扎。苗期施肥按"少量多餐"的原则,每间1次苗后都要进行1次施肥,每次可以用稀人畜粪尿250～500千克或尿素3～4千克加水1000升泼浇。移植前1周

内施好起身肥,每亩可用尿素 8～10 千克加水浇施,可以使芝麻苗在短时间内吸收较多的氮素,以提高移植后的发根力。

③化学调控:利用塑料布盖膜搭棚育苗,出苗快,叶片生长迅速,如苗床密度大,容易形成旺长苗、高脚苗等不正常的苗类。实践证明,在苗期施用多效唑,对调节苗期生长,提高秧苗质量有显著效果。生产上,在芝麻苗 1～2 对真叶期用浓度为 150 毫克/千克多效唑溶液均匀喷施幼苗,可促使秧苗矮壮,绿叶多,叶色深。如果遇到干旱天气,多效唑溶液的浓度可降到 100 毫克/千克。多雨天气时,应将浓度提高到 150～200 毫克/千克,并酌情增喷 1 次。多效唑溶液最好是在下午喷施,并做到细雾匀喷,避免重喷或漏喷。

④苗期病虫害防治:芝麻育苗期容易发生蚜虫、菜青虫和立枯病等病虫的危害,应及时进行防治。当苗床有蚜株率达 10%,每株有蚜虫 1～2 头时,用 40%乐果乳剂 1000 倍液喷雾;菜青虫在 3 龄前,每亩用 2%阿维菌素 800～1000 倍液喷杀;防治幼苗立枯病可采用多菌灵床土消毒和种子上洒药土;发病初期喷 25%多菌灵可湿性粉剂 500～600 倍液,每隔 3～5 天喷 1 次,连续喷 2～3 次,可获良好的防治效果。一般在苗出齐后,为预防病害,用 800～1000 倍甲基托布津或 40%多菌灵 800 倍液全床喷洒 1～2 次。以上所用药剂,要按照药的使用说明使用,不能盲目加大剂量。

2. 大田移栽

(1)大田的选择:移栽的大田要选择地势高、土质疏松、土层深厚、保水保肥性能好的地块。

(2)精细整地:夏天气温高,土壤水分蒸发快,前茬作物收获后,如果不及时整地保墒,土壤很快就会跑墒干硬。夏芝麻移栽前,整地不需要深耕,通常以 20～30 厘米为宜,如果过深,不但会翻上生土,土地不易耙碎、耙实,而且易跑底墒。耙地遍数要根据土质和墒情而定,黏重土壤或墒情差、土块多的地块,要重耙、多耙,以将土块耙碎、耙实、耙平为标准。

(3)施足基肥:在筑畦整地的同时,施足基肥,基肥的使用量应占总施肥量的50%以上。基肥最好以优质农家肥料为主,配合一定量的氮、磷、钾肥结合整地翻埋土中。一般每亩田块施入农家肥2000千克,过磷酸钙30~35千克,钾肥4~5千克,尿素4~5千克,或碳酸氢铵15千克左右。缺硼的地块,一般每亩施硼砂0.4~0.5千克,可满足芝麻对硼的需要,增产显著。

(4)开沟作畦:一般采用南北向开畦,畦底宽2米,畦面宽160~170厘米,畦沟宽30厘米,深20厘米,每畦可栽4~5行芝麻。在水网平原地区或地势低、地下水位高、土壤黏重的砂姜黑土地区,可实行每畦栽2行的垄作栽培法,一般畦底宽1米,畦面宽70~80厘米,畦沟宽20~30厘米,沟深20~30厘米,排渍效果较好。移植前开好围沟、腰沟和畦沟,做到沟渠相通,雨停田干,明水能排,潜水能滤。

(5)适期移栽

①起苗:当芝麻苗龄20~25天,或出现第4、第5对真叶时就移栽。定植前如苗床干硬,要在起苗前一天浇水,使苗床湿润,土壤膨松,便于起苗。拔苗时应力求减少对叶片和根系的损伤,多带护根泥土。

②移栽方法:移栽时要边起苗,边移植,行要栽直,根要栽正,棵要栽稳。每畦可栽6~7行芝麻,具体操作上要注意大小苗分别拔、分批栽、不混栽;栽新鲜苗,不栽隔夜苗。一般土壤肥力和施肥水平较高而且早栽的地块,定植密度应该稍微稀一些,以增加单株蒴果数,每亩栽9000~10000株,每穴1株或2株。迟栽、土地肥力相对较低、施肥不足的地块,移栽密度可以提高到每亩1.2万~

1.5 万株。

③栽后浇好定根水:栽后遇晴天的傍晚和次日上午浇1~2次水。芝麻移栽后 7~10 天,才能返青恢复正常生长。因此,在成活4~5 天后,要及时施 1 次水粪或 0.4% 的尿素水溶液,以在兜部点浇为好。

(6)大田管理:移栽苗活棵后要及时查苗补苗,中耕松土。

①现蕾前:现蕾前一般每亩追施尿素 3~5 千克。这个时期是芝麻枯萎病的多发期,芝麻发生枯萎病后常常会出现茎秆半边枯死或者仅侧枝枯死,叶片先变黄后枯萎,如果发现枯萎病等病害,可以每亩喷洒 50~75 千克 70% 甲基托布津500~600 倍液进行防治。

②现蕾至初花期:芝麻开始开花时,结合培土进行中耕,有利于保墒、防倒。在这个阶段,植株生长速度加快,消耗养分增多,追肥能够促进植株茎秆健壮生长,因此根据芝麻生长情况,每亩追施7.5~10 千克尿素。磷、钾肥不足的地块还要追施少量磷、钾肥。如果每亩追施 7.5~12.5 千克复合肥,增产效果会更好。

③花期至盛花期:芝麻花期喷施 2~3 次浓度为 0.2% 的硼肥,每亩药液用量 50 千克左右,间隔 7~8 天喷施 1 次,这样每亩可以增产 11~17 千克。早晨露水未干,叶片吸附力弱,中午气温高,日照强,蒸发快,喷施效果差。因此,芝麻叶面喷肥一般应选择晴天上午 9~11 时或下午 17~19 时。若喷施后未过 3 小时下雨,应在天晴时重喷 1 次。

④打顶促熟:芝麻花期长,盛花后期当下部蒴果接近成熟时,趁晴天用手或剪刀将顶尖 3 厘米的花序去掉,以集中养分供应已形成的蒴果,有利于提早成熟,提高产量和质量。

3. 适时收获

当芝麻部分叶片枯黄,植株下部蒴果呈灰色,有部分开裂,籽粒呈现固有的色泽时，要抢时收割、晾晒、采籽。

（三）免耕直播栽培

春小麦收后，芝麻播种适耕期短，免耕直播技术可缓解夏芝麻种植劳力和季节紧张，降低成本。

1. 把好选地关

选地势较高，便于排灌，土层深厚，肥力中等以上，2 年以上未种过芝麻的小麦地块。

2. 选用优质种子

选用种子纯度 98% 以上，籽大粒饱，无霉变，发芽率 95% 以上的优良黑芝麻品种，播前进行晾晒和种子消毒处理。

3. 适时播种

前茬小麦收后，留茬高度不要超过小麦株高的 1/3。杂草较多的地块，要用播前除草剂进行处理，3～5 天后再播种芝麻。

播种以条播为宜，每亩用种量 0.2 千克加 25 千克复合肥的比例混播，深度 1～2 厘米。天旱时应造墒或带水播种，力争一播全苗。

4. 其化管理

其他管理同夏芝麻直播管理方法。

三、秋芝麻栽培技术

秋芝麻栽培指前茬收获后，在 7 月上、中旬播种，9 月中、下旬收获的芝麻。

秋芝麻由于播种较迟，其生长发育与温度、光照、水等因素的关系十分密切，其中以温度的关系最为密切，直接影响着产量的高低。因此，在生产实践中，秋芝麻在前茬收获后及时播种，并采取有效栽培措施，才能夺取高产。

1. 提前调整春播作物茬口

前茬选用早熟春大豆、早熟花生品种,于 3 月底至 4 月上旬适当提早播种,通过施肥管理等技术措施,促前茬早结果早成熟,7 月底或 8 月上旬大豆、花生成熟收获,为秋芝麻播种争取时间。

2. 整地开沟作畦

秋播时正当南方伏旱期,气温高,蒸发快,同时又是南方梅雨末期、风暴多发期,连晴日少,因此,适当提前并突击抢收春大豆、春花生,及时浅耕整地,亩施 25～50 千克农家土杂肥充分混合后,耙后播种。水田早稻黄熟时,排水晒田,收稻后,犁地晾墒,适墒耙地,碎垡播种,耱破保墒。

秋芝麻区的畦沟既要保墒又要防暴雨渍涝,应采取深沟窄畦,以利于抗旱排涝。一般畦宽 1.3～2 米,沟深 25 厘米,沟宽 35 厘米左右。芝麻开沟畦作还是垄作,应根据气象条件、土壤、地势等条件而定,总体要求畦沟、腰沟、围沟配套,确保排水畅通。为防渍涝灾害,在雨后必须及时清沟。

3. 播前准备

秋芝麻良种选择有针对性,应选择耐迟播、早熟类型耐湿抗旱芝麻品种,如金黄麻、波阳黑、武宁黑等,不宜选择晚熟类型芝麻品种,以免后期遇低温影响结实与成熟。

秋芝麻播种前也要和春芝麻一样进行晒种、选种和种子消毒工作。

4. 播期

秋芝麻适宜的播期是 7 月上旬、中旬,在热量较好的情况下可以迟到 7 月下旬。秋芝麻播种越早产量越高,播种时期最好不宜超过 7 月 25 日。尽量早播种,晚播对产量影响较大。针对迟播尽可能选择土壤湿度适宜、无大雨的天气播种,避免播后烂种、缺苗。播期须根据各地区的气象和茬口情况灵活掌握,并要注意提高播种质量,力争一播全苗。

5. 播种方式

秋芝麻播种方式以均匀撒播为宜,播种量每亩 0.25 千克。为保证秋芝麻一播全苗,撒播时可采用"双层播种法",即在春大豆、花生收获浅耕后,播上一层芝麻种子,一次单耙后再播一层芝麻种子,然后横耙、直耙,覆盖种子,达到遇旱时,播种较深的底层种子吸收水分按时出苗,遇阴雨天气时浅层种子可安全出苗,实现持续干旱或连续阴雨都能出苗双保险,既抓住季节,又一播全苗。秋芝麻生长期间雨水少,多为高温晴热天气,施肥追肥困难。在盖种之前,每亩再撒施 45％的复合肥 10～20 千克。

6. 田间管理

(1)加强苗期管理:播后如遇干旱,应淋水或灌跑马水,速灌速排,使土壤不渍水,又不板结,易于出苗。出苗后及时间苗、定苗,切忌产生苗挤苗与高脚苗的现象。秋芝麻生育期较短,植株较矮小,单株生产力低,要增加密度,增加群体数量,一般每亩留苗 2 万～3 万株。结合间苗、匀苗、定苗,进行浅中耕,切断土壤毛细管,减少水分蒸发。

(2)科学施肥:肥料不足是芝麻单产低的主要原因,特别是迟播秋芝麻科学施肥尤为重要。芝麻整个生长过程,钾肥需要量最多,氮肥较多,磷肥最少。苗期结合中耕培土,每亩追施 7.5 千克尿素,4.5 千克氯化钾,培育壮苗。花期每亩补施 2.5 千克尿素,1.5 千克氯化钾,或喷施磷酸二氢钾稀溶液作为叶面肥,能取得较好的增产效果。红壤旱地以亩施3000 千克农家肥做基肥或 40 千克复合肥为主,酸性强的土壤,可亩施石灰 50～75 千克,中和土壤酸性,增强抗病能力,促进增产。

(3)适时打顶:在施好肥料的基础上,秋芝麻适时打顶可以减少养分消耗、促进籽粒饱满、早熟和成熟一致等。打顶时间以封顶期为宜。

(4)有效化控：可喷洒低浓度矮壮素，促使芝麻矮化，提早成熟，增产效果显著。

(5)中耕除草：一般第1次中耕宜浅锄，以锄表土为宜，应在1～2对真叶时进行；第2次中耕，在芝麻长出3对真叶，中耕可深6厘米左右；第3次中耕可在5对真叶时进行，深度可达7～9厘米左右；中耕要经常进行，以利通气增温，促根发苗，但到封行后应停止中耕。每次中耕应结合除草、培土和施肥。在最后一次中耕也要同夏芝麻一样进行培土。

(6)合理灌排：当旱情出现时要及时顺沟灌水，灌水时忌大水漫灌和田间积水。气温高、天气干燥时，为延长花朵寿命，在上午10时前和下午17时后，可向芝麻株间亩喷洒清水50～100千克，并连续喷洒3～5天。遇雨应及时排水，同时疏通畦沟、腰沟和围沟，防止渍水。三沟要做到明水能排、暗水能滤、干旱能灌。

(7)病虫害防治：秋芝麻主要害虫有蚜虫、盲蝽、斜纹夜蛾等，及时有效药物防治。

7. 适期收获

当芝麻植株变成黄色或黄绿色，最下部2～3个蒴果，即将开裂时为适宜收获期。

第三节　芝麻培效栽培措施

培效综合栽培技术是根据芝麻高产的生长发育特性和生长要求，运用综合技术措施，创造良好的栽培环境来充分发挥不同品种的增产潜力，达到高产稳产优质低耗目标。

一、芝麻间作套种技术

(一)芝麻与甘薯间作

甘薯是蔓生作物,受光部位低,与受光部位高的芝麻套作后,构成了层次分明的作物群体,从而提高了光能利用率,一般在不减少甘薯产量的条件下,每亩增收芝麻籽 30～40 千克。这种种植方式适合各芝麻产区。

1. 种植方式

芝麻与甘薯间作的方法比较简便,通常有两种方式:一种是每垄栽 1 行红薯,一般每隔 1 垄或 2 垄间作 1 行芝麻,甘薯按正常的种植密度,单秆型芝麻亩留苗 2000 株左右。另一种是每垄栽 2 行红薯。一般每垄或隔 1 垄种 1 行芝麻,单秆型芝麻亩留苗也是 2000 株左右。

2. 栽培要点

(1)选用适宜品种:芝麻选用株型紧凑、丰产性好、中矮秆、中早熟和抗病耐渍性强的黑芝麻品种,以充分发挥芝麻的丰产性能,减少对甘薯生育后期的影响;甘薯宜选用短蔓型、结薯早的品种,如辽薯 40 号、丰收白、131 等。

(2)整地施肥:施肥应以农家肥为主,化肥为辅;以基肥为主,追肥为辅。因此甘薯在整地前亩施优质农家肥 3000～4000 千克、磷酸二铵 25 千克、硫酸钾 10 千克,以满足甘薯和芝麻生长发育需求;起垄前,每亩用辛硫磷 200 毫升,拌细土 15 千克均匀施入田内,防治地老虎、金针虫、蛴螬等地下害虫。甘薯起垄垄面宽 80 厘米,垄高 30 厘米,沟宽 20 厘米。

(3)适时播种:芝麻在播种前要利用风选等方法精选种子,用饱满、发芽率高的健粒作种。

春薯地套种芝麻通常为 5 月上中旬,麦茬、油菜茬甘薯套种芝麻通常为 6 月上、中旬,要抢墒抢种,在种植甘薯的同时或之前种上芝麻。天旱时浇水移栽,亩移栽密度 3500～4000 株。注意播深要一致(一般在 1.5～2 厘米深),播后镇压以及加强苗期管理等,以创造芝麻壮苗早发的条件,防止因甘薯影响使芝麻形成弱苗,高脚苗等。

(4)其他管理:芝麻在甘薯封垄前要中耕保墒,及时间苗、定苗,早施苗肥。芝麻初花期要注意追施速效氮肥,芝麻成熟后要及时收割。薯苗封垄前要及时中耕除草 2～3 次。移栽后 30 天左右,在垄面两苗间穴施尿素追肥。中后期要注意防治病虫害。甘薯封垄后要注意清沟培土,防止渍害。

(二)芝麻与花生间、混作

花生套种芝麻是高矮秆作物搭配,充分利用空间、地力和光能;花生生育期长,芝麻生育期短,花生固氮菌可为芝麻生长提供氮素营养,二者互补性强。花生套种芝麻不仅能使两种作物均衡增收,而且也是稳定花生扩大芝麻种植面积的有效途径。

1. 种植方式

畦作花生,行距 40 厘米,每隔 3 行花生种植 1 行芝麻,芝麻每亩留苗 2500～3000 株;垄作花生,垄宽 60～70 厘米,垄沟宽 20～30 厘米,1 垄双行花生,每隔 2 垄花生,在垄背半腰间种植 1 行芝麻,每亩留苗 2000～2500 株。

2. 栽培要点

(1)整地与施肥:选择地势高,土层深厚,土壤肥力中等以上,土质疏松且不重茬的地块种植。选好地后,将地耙平、耙细。结合整地,每亩施农家肥 2000～3000 千克,尿素 5～10 千克,花生专用肥 30～40 千克,或碳铵 20～30 千克,过磷酸钙 50 千克,硼肥 0.5 千克。

(2)选择适宜品种:黑芝麻选丰产性好、株型紧凑、中高秆、中早熟品种,减少对花生后期的影响。花生要选用株型紧凑,叶色深绿,光合效能高,品质和抗病性较好的优良品种和优质种子,容易形成高产。购种时,要选买外观色泽正,种仁外衣新鲜,果形大小一致的品种,这样的花生果仁纯度高,发芽率好。

(3)适时播种:花生垄作,垄背半腰间套种芝麻,要抢墒抢种,在种植花生的同时或之前种上芝麻。花生播前要晒种2~3天,以提高发芽势。用0.3%多菌灵加1%辛硫磷的药液浸种12~24小时,可有效防治苗期真菌性病害和地下害虫为害。

(4)加强田间管理

①花生封垄前中耕、及时间、定苗,初花期每亩追施尿素5~8千克,增产效果明显。花生封垄后要注意清沟培土,防止渍害。

②芝麻成熟后及早收割。

(三)麦田套种芝麻

麦垄套种芝麻与麦后犁地播种相比,其有效开花期至少延长10~15天,既延长了芝麻营养生长期,充分利用了生长季节和温、光、水资源,也缓和了收麦子种芝麻"三夏"期间劳力、畜力、机械之间的矛盾,播种回旋余地大。同时,还能利用麦田良好墒性,足墒播种,保证全苗,躲过麦收后6月初干旱的不利影响。麦垄套种芝麻因提早播种,一般比麦收后播种增产20%以上。但在上一年12月份以后喷施甲黄隆农药的麦田来年不宜种植芝麻。

1. 种植方式

一般采取1米左右一带,小麦3行(行距15~20厘米)或4行(行距15厘米),播种带宽45~60厘米(包括边行外伸的1/2行距),留空趟40~55厘米。次年于空趟中套播2行(行距20~30厘米)或3行(行距15~20厘米)芝麻。

2. 栽培要点

(1)地块选择:选择中上等地力,排灌方便的地块。

(2)选择适宜的套种品种:为了适应芝麻麦垄套种,要选择矮秆、中早熟丰产的小麦品种,如豫麦 18 等。麦垄套种芝麻主要是提早播种,延长芝麻生育时间。因此,选择生育期适宜的中晚熟、高产优质、增产潜力大的黑芝麻品种,更能发挥增产作用。

(3)套前的整地与施肥:在加强麦田中耕灭草保墒的同时,对麦田空趟进行人翻或畜耕,结合整地亩施钙镁磷肥25~50 千克,硫酸钾或氧化钾 10~15 千克,临播前施尿素 7.5~10 千克作芝麻底肥,然后整平地面。

(4)适期套种:套种时间是否适宜是麦垄套种芝麻成败的关键环节。套种过早,小麦对芝麻影响时间长,芝麻易形成高脚瘦弱苗;套种地晚则失去套种意义。套种时间的掌握应根据小麦长势而定,一般在麦收前 10~15 天套种。

(5)足墒套种,确保全苗:应适墒套种,若墒不足,出苗不齐。因此,当套种田的最大持水量不足 70%时,要浇水造墒,先浇后种。为确保全苗,可在田边地头培育部分苗,以备缺苗时、收麦后补栽之用。

(6)掌握适宜套种方法和密度:前茬小麦种植方式由19 厘米行距改为 26 厘米和 13 厘米宽窄行。在小麦栽培中,控制水肥,实施化控技术,防止小麦倒伏,并且采用化学除草技术,消灭麦田杂草。套种方法有按穴点种和条播,以条播较好。在墒情充足时每亩条播种子 0.5 千克,麦收后亩留苗1.0 万~1.5 万株。

(7)麦收前的田间管理:芝麻出苗至小麦收获约 15 天左右,幼苗将达 3 对真叶,这一阶段是幼苗齐全匀壮的关键。田间作业主要抓好中耕灭草与疏苗,旱情严重时浇水 1 次,并抓好病虫防治。

(8)麦收后的田间管理:麦收后应及时灭茬松土,并抓好迁移性害虫的及早防治,芝麻3~4 对真叶时定苗,亩留苗密度 1.2 万~1.5 万株(单秆型)。现蕾至初花期结合培土亩追尿素 10 千克左右,并理清墒沟(宽行间)。

(9)加强中后期管理:现蕾标志芝麻进入生育中期,应先抓化控,进而促控结合,并要抓好防旱排涝与病虫防治,7月15~30日进行小打顶。芝麻终花标志进入生育后期,应以养根保叶为主,植株下部蒴果微裂期开始收获。

(四)芝麻间作葱头

葱头耐寒,诱导花芽分化要求较低的温度,鳞茎膨大期的适宜温度为20~26℃,温度偏高不利于提高单产。因此,这种种植方式在无霜期较短的华北中部以北芝麻产区种植,经济效益较高;在无霜期较长的葱头产区,还可以在葱头收获后复种秋萝卜、秋白菜、菠菜等,进一步提高土地利用率。

1. 种植方式

葱头采用小高畦地膜覆盖栽培,小高畦底宽90厘米,畦面宽80~85厘米,畦与畦之间距离为30~40厘米。3月中旬前后在小高畦上喷洒除草剂,覆盖90~100厘米幅宽的地膜。晚霜过后先在地膜上打孔定植葱头秧苗,定植4~6行,行距14~18厘米,株距13~15厘米,每亩约定植1.6万~2万株。定植时按行株距要求打孔挖穴取土,而后将挑选的壮苗稳入穴内。定植孔以能放入秧苗为宜,不宜过大,栽苗不要过深,否则会影响缓苗及鳞茎膨大,以叶鞘茎部埋入土下3厘米左右为宜。栽后覆土封严定植孔,使土壤沉实稳定秧苗。

当土壤5厘米深地温稳定在18℃以上时,在两高畦中间30~40厘米的沟内播种2行芝麻,株距30~35厘米。一穴双株,每亩约种3000株。

2. 栽培要点

(1)葱头应选用不易抽苔的黄皮品种或紫皮品种。比较寒冷的华北北部地区,应在前秋育好葱头苗,一般8月下旬至9月上旬露地直播育苗,葱头出苗后用枯草或落叶等覆盖保温越冬,或在上冻前起苗囤于沟中假植,翌年春季栽植。

(2)葱头定植后要注意大风危害,谨防大风揭膜。定植覆膜前除应浇足底墒水外,在栽秧后还要浇适宜的缓苗水,随后在沟中勤中耕、松土,提高地温,进行蹲苗。葱头进入鳞茎膨大期后,每隔10天左右视墒情浇1次水,结合浇水追肥。一般共追肥浇水2~3次。中后期如发生抽苔应及时抽除,并提早收获。为收后增长贮藏时间,可在收获前15天,喷洒25%的青鲜素0.5千克左右,兑水60千克喷雾。

(3)芝麻田间管理主要是抓好早疏苗,早中耕,适时打顶,及时防治病虫害等。一般长出2~3对真叶按预留穴株数间苗,长出3~4对真叶时定苗。绪合间定苗进行中耕除草。在8月上旬前后适时打顶,同时及时防治蚜虫、小地老虎等害虫为害。

(五)小麦、花生、芝麻套种技术

1. 种植方式

播种小麦时,每六行预留25~30厘米空档,以便种芝麻,如果是机播,每隔两行堵一个接眼,以便麦垄点花生。

2. 栽培要点

(1)品种选择:为避免三种作物相互影响,尽量缩短它们的共生期,小麦选用晚播早熟的豫麦18,芝麻选用适宜稀植的品种;花生选用山东海花2号,山花200等。

(2)播种期:小麦于10月15~25日为适播期。尽量机播(一耧六行);于小麦收获前半个月左右麦垄点播花生,若墒情不好,应浇水后再点播,这样既有利于花生出苗,又有利于小麦后期生长,小麦收获后,用土耧播芝麻(一耧三行,播时堵两边的耧眼)。

(3)播种量:小麦每亩6.5~7.5千克,花生每亩10~12.5千克,芝麻每亩0.25千克。

（4）田间管理

①小麦管理：播种时每亩施土杂肥 2000～3000 千克以上，磷酸二铵 15～20 千克，尿素 15 千克，纯钾含量不少于 10 千克，麦播时进行土壤消毒，做到提前防治小麦各种病虫害，达到田间无杂草和杂麦，以便于小麦成熟一致。

②花生管理：小麦收获后，立即中耕追肥，每亩用二铵 10 千克，氯化钾 15 千克，如果干旱应及时浇水。至花生封垄时，抓紧时间中耕 3～4 次，以便于花生下针。为控制花生徒长，严格按使用要求，叶面喷洒多效唑，但不可控得过很，注意防治花生的地下害虫。

③芝麻管理：由于芝麻是每隔 6 行麦种 1 行，行距较大，所以株距 15 厘米左右即可，由于中耕除草往往和花生同时进行，一般不单独做这项工作，在芝麻株高 30 厘米左右即可每亩叶面喷洒叶面宝＋多菌灵 500 倍＋黄腐酸盐 50 克，整个生长，用药 3～4 次。如果发现芝麻有徒长趋势，也应实行化控，为了节省用工和投资，可以和化控花生同时进行。

（5）适时收获：适时收获是获得全年丰收的一项重要措施，因此，小麦在 5 月 26～28 日收获，为避免车轧造成土壤板结，尽量采取人工收割小麦；芝麻在植株最下面 2～3 蒴有裂蒴时收获；花生在 50％以上果仁长饱满时采挖。

（六）芝麻与豆类间、混作

豆类是一种生长期短且比较耐阴抗倒的作物，对芝麻的田间管理影响较小，常与芝麻间、混作搭配豆类作物有大豆、绿豆和豇豆，芝麻与大豆、绿豆、豇豆混播是抗灾生产的双保险措施。

1. 芝麻与大豆的间、混作

芝麻与大豆混作时，应以大豆为主。混作的方法是在整地时，先结合耙地撒播少量芝麻种子（每亩 0.15 千克左右），然后再条播大豆。中耕时,根据大豆苗的出苗密度和分布,决定芝麻的留苗密度,单秆型芝麻亩留苗 1500～2000 株;分枝型芝麻亩留苗 1000 株左右,芝麻苗散布于大豆之间。芝麻与大豆间作时,可每种 1～2 行芝麻(行距 30 厘米左右),间隔种 2～4 行大豆。芝麻株距 14 厘米左右,每亩留 3000～5000 株。

2. 芝麻与豇豆间、混作

芝麻与豇豆间、混作时以芝麻为主,先播种芝麻,然后在芝麻行上点播豇豆。豇豆行距 167 厘米左右,穴距 67～100 厘米,每穴 2～3 株。也可在芝麻出苗后,在芝麻缺苗较稀处点播豇豆。间作时,每种 2～3 耧芝麻种 1 耧(2 行)豇豆。

3. 芝麻与绿豆间、混作

芝麻与绿豆混作时以芝麻为主,先播种芝麻,芝麻出苗后,在芝麻行上点播绿豆,相间或隔 2 株芝麻点 1 穴绿豆,每穴留苗 2 株。也可在芝麻缺苗处点播绿豆补苗。芝麻与绿豆间作时,一般每种 2 行芝麻,间隔种植 2～4 行绿豆,芝麻、绿豆的行距均可为 24～40 厘米。根据地力,芝麻、绿豆的长势,确定各自的株距,一般芝麻每亩留苗 5000～8000 株,绿豆每亩留苗 8000～10 000 株。

二、双茎栽培技术

双茎栽培是一种新型栽培方法,主要原理是在苗期通过控制植株顶端生长,促使和诱导下部 1～2 对真叶腋中长出分枝,形成双茎或多茎,从而增加单位面积中上层株数以提高产量。

1. 选择优良品种

只有单秆型芝麻品种才能诱导保留叶腋芽萌发生长形成双茎。因此,双茎栽培必须选择单秆型早熟高产的黑芝麻品种。另外,由于幼苗摘顶心后,双茎生长有一个诱导过程,所以生育时期一般会延长 3～5 天。在品种选择上要利用早中熟、丰产性好的类型。

2. 选好地块

双茎栽培一般应选择中上等肥力地块。由于根系发达，茎秆数量多，中期需水量和需肥量均较大，瘦地不易发挥双茎增产潜力。

3. 抓"四早"促壮苗

"四早"即早播、早间苗、早定苗、早防治病虫害。针对双茎芝麻的营养生长期延长，生殖生长期相对缩短的特点，双茎栽培芝麻播种期应提早，一般为 4～6 天。夏播双茎栽培芝麻以 6 月上旬播种为宜，最迟不能晚于 6 月 15 日；如果播种质量差，幼苗不全不齐，长势较弱，摘尖时，就难以达到田间保留叶标准的一致性，摘尖后，新生茎芽生长速度慢，长出的茎枝细弱，会导致营养生长期再延长，甚至减少单株蒴果数，降低产量。因此，采用双茎栽培，不仅要适时早播，而且还要达到苗全、苗壮，为高产奠定基础。

常规栽培中提倡早间苗，即在芝麻出苗后 5～7 天左右进行间苗。当幼苗出现 3 对真叶时进行定苗，最晚不超过 4 对真叶出现。这些技术在双茎栽培中是同样适用的，定苗过晚必然影响适期摘尖(剪)诱导双茎。

芝麻苗期病虫害的防治，在双茎栽培中具有突出的意义。一般应在定苗前采用常规方法彻底防治地老虎，苗期彻底防治蚜虫，进入开花期应注意喷洒 50%多菌灵或 70%托布津等农药灭菌 2～3 次，及时防治茎点枯等病害。

4. 合理密植

双茎栽培一般应在常规栽培种植株数的标准上，每亩适当减少 1000～2000 株。北方春芝麻每亩留双茎苗 9000～10 000 株；5 月底播种的夏芝麻，双茎苗单秆品种留 7000～8000 株，分枝品种留 6000 株左右；6 月上旬播种单秆品种可留苗 9000～

10 000 株,分枝品种双茎苗留 7000 株左右,晚于 6 月 10 日以后播种的芝麻不宜进行双茎栽培。

5. 严格打顶

幼苗摘除主茎顶尖的时期和方法是芝麻双茎栽培技术的关键。打顶过早,易漏摘生长点,不能诱导出双茎;摘尖过晚,不仅浪费养分,而且还会延长营养生长期,甚至诱导出的双茎细而且弱小,生长慢,细弱的双茎使单株蒴果减少、变小,降低产量。春芝麻保留第一对真叶,夏芝麻保留第二对真叶。试验证明,这是打顶的最佳时间,诱导双茎率达 100%。具体时间是在春芝麻在第 2 对真叶半展开时,夏芝麻在第 3 对真叶半展开时,其间约 1 周左右。在同一块地里,不论大苗或小苗,要么都保留第一对真叶,要么保留第 2 对真叶。

打顶方法是双茎栽培技术中的重要环节。摘尖时,可用拇指与食指相对,摘去幼苗顶尖,切勿捏住顶尖向上拔提,这样容易将整株拔掉。为了提高工效,可使用镰刀,不损伤叶腋、叶生长点,必须在距保留叶节上方 3 毫米处削掉顶尖。但要注意削尖不要留得过长,因为留的茎节过长,往往会把主茎生长点留下,结果起不到削尖的作用。

6. 中后期管理

依据双茎栽培芝麻前期生长缓慢、中后期生育加速的生育特点和芝麻长势长相进行肥水管理。一般在施足基肥的基础上,在初花期追施速效氮肥,每亩施纯氮 1.5～3 千克。对生长过旺田块,应采取防倒伏措施。

进入开花期,遇旱浇水,以防落蕾落花、降低始蒴高度;盛花期后每隔 7～10 天于清晨或傍晚喷施 1 次 40%多菌灵 700 倍液或 70%代森锰锌 700 倍液,防治叶茎部病害;后期喷施 0.3%～0.4%磷酸二氢钾、1%尿素混合液或 0.1%硼砂水溶液,以延长叶片功能期,增加有效蒴果数,提高千粒重;后期摘尖也是增加有效蒴果数和提高千粒重的有效措施。

一般春播双茎栽培芝麻在初花期 20～30 天,夏播双茎栽培芝麻在初花期 13～15 天摘除两茎 1 厘米顶尖,减少养分的无效消耗。

总之,芝麻双茎栽培是在常规栽培技术基础上实施的,因此,常规科学管理措施和原则均适用于双茎栽培。如地膜覆盖技术、施肥技术、浇水排涝等。

三、北方"深种浅出"抗旱种植技术

北方芝麻主产区十年九春旱,播种芝麻时候土壤墒情不够,芝麻难以保苗。在同样土壤水分条件下使用"深种浅出"种植技术,可以提高出苗率 50％以上,为东北芝麻高产稳产的重要措施之一。

1. 及早整地

北方芝麻产区春旱严重,应抓住墒情及早整地作垄,及时镇压保墒,提倡秋整地秋作垄或顶凌整地;结合整地每亩可施氮磷钾复合肥 20～30 千克。

2. 科学播种

采用"深种浅出"技术,垄作条件下机械播种,一般垄距 50～60 厘米,垄上条播,播深 3～5 厘米,播种后用犁扶高垄(即为深种),防风保墒;播种后 5～8 天,当芽长 1～1.5 厘米时拨去种子上覆土(即为浅出),实现一播全苗。

3. 病虫草害防控

播种时随种撒施辛硫磷毒土防治地下害虫。

4. 田间管理

春季出苗后 2 对真叶间苗,5 对真叶定苗,定苗稍晚以利于抗御风沙。初花期追施尿素 10 千克/亩,注意防治病虫害。

5. 及时收获

四、化学促控技术

芝麻化学促控技术主要是利用人工合成的外源激素(即植物生长调节剂),协调芝麻的营养生长和生殖生长,抑制或促进某些器官的生长发育,从而达到提高产量、改善品质的目的。植物生长调节剂按其作用方式分为两大类:一类是促进植物生长发育作用的叫植物生长促进剂;另一类是具有抑制、延缓植物生长发育的作用,称植物生长延缓剂或抑制剂。这种分类是相对的,如植物生长调节剂 2,4-D 等,在低浓度下是促进剂,浓度提高后则为抑制剂,再提高则成为除草剂,以致成为危害芝麻生长的杀伤(死)剂。因此,使用植物生长调节剂时,一定要掌握好浓度和使用方法,否则会适得其反。

1. 芝麻激素的调控作用

芝麻经激素调控处理后,主要表现为基部节间、子叶节间缩短,根、茎增粗,叶片变厚,叶色浓绿,从而提高了叶片光合强度,增强了抗旱耐渍能力。据测定,用缩节胺、矮壮素调控后,植株始蒴部位降低 $10.5\%\sim25.0\%$,果轴长度增加 $3.5\%\sim13.7\%$,单株蒴果数增加 $9.15\%\sim15.25\%$,结蒴密度、每蒴粒数和千粒重均有增加趋势。在花期喷施 802 等促进型激素,果轴长度增加 $5.00\%\sim17.85\%$,单株蒴果数量增加 $11.10\%\sim23.86\%$,每蒴粒数、粒重均有所增加,产量增加 $10\%\sim30\%$。

2. 激素抑制剂的使用方法

(1)矮壮素:主要剂型有 50% 水剂。矮壮素是一种用途很广的植物生长调节剂,可由叶片、幼枝、芽、根系和种子进入到植株的体内,其作用机制是抑制植株体内赤霉素的生物合成。其主要生理功能与缩节胺相似,可防止植株徒长倒伏,促进生殖生长,使植株节间变短,长得矮、壮、粗,株型紧凑,根系发达,抗倒伏,叶色加深,叶绿素含量增多,可以提高芝麻的结蒴率和产量。

①使用方法:据试验,用30毫克/千克于第2、第3对真叶时,隔1周喷1次,连喷2次,芝麻表现脚低、茎粗、抗倒,产量增加。

②注意事项:一是当矮壮素作为矮化剂使用时,芝麻群体有徒长趋势时使用效果好,凡是地力条件差、长势不旺时,勿用矮壮素。使用量不能过大或过小,应通过试验掌握适当的用量。二是50%矮壮素水剂属低毒植物生长调节剂,但长期与皮肤接触还是有害的,配药和施药人员需注意防止污染手、脸和皮肤,工作完毕后应及时清洗手、脸和可能被污染的部位。

(2)缩节胺:又名助壮素、甲哌啶、健壮素、调节啶等。主要剂型有97%可湿性粉剂,5%、25%、40%水剂,96%~98%原粉。缩节胺为内吸性植物生长延缓剂,可通过芝麻绿色部分吸收并传导至整株,能降低芝麻体内的赤霉素活性,从而抑制细胞伸长,用于控制芝麻苗期生长,促根蹲苗,降低始蒴部位,使株型紧凑,株矮茎粗,叶色加深,促进芝麻提早开花,延缓衰老,增加产量。

①使用方法:据试验,用100毫克/千克缩节胺于4对真叶期和初花期各喷1次,产量比对照组增产4.72%~15.55%。

②注意事项:一是在缺水、缺肥、弱苗的田块不宜使用。二是不能与碱性农药混用。若量偏高影响生长时,可及时追肥、灌溉或喷洒缩节胺剂量的1/2赤霉素液。三是喷施后4小时内遇雨应重喷。

(3)784-1:又名增产醇、丰定醇,是一种新型植物生长调节剂,对人、畜毒性中等,对鱼类高毒,主要剂型有80%、90%乳油。本品可控制植物的营养生长,抑制株高,使茎变粗,促进生殖生长,促进花芽分化,增加花数,降低开花结果节位,加大叶面积指数,促进光合作用产物的积累,增加产量,提高品种质量。

①使用方法:盛花前用80%的784-1乳剂每亩1.5支(用背负式喷雾器兑水150千克,弥雾机兑水45千克),在塑料容器内加水配成稀液,选晴天无风的下午喷洒。

②注意事项:一是使用时浓度要配准,切勿多用和滥用。二是使用时应避免药液溅入眼睛内或较长时间接触皮肤。三是不能与酸性农药混用,与其他农药混用应先试验后再推广。四是对鱼类毒性较大,使用时要注意安全,勿污染鱼塘和江河。五是要注意避光贮存。

(4)多效唑:又名氯丁唑、PP$_{333}$,主要剂型有15%可湿性粉剂、25%乳油。多效唑为三唑类植物生长调节剂。该药能使芝麻体内赤霉素含量降低,产生强烈的生长抑制作用,主要是抑制节间细胞的伸长,使植株矮化、抗倒伏。同时可促进芝麻结蒴,粒重增加。多效唑为内吸性药剂,易被植株的根、茎、叶和种子吸收,并在植株体内运转、传导。因而可采用处理种子或幼苗(浸渍)、处理土壤、根施、茎叶喷雾等多种方式施药,极为方便。

①使用方法:用浓度为30~100毫克/千克于第2、第3对真叶时,隔1周喷1次,连喷2次,表现脚低、茎粗、抗倒,可推迟开花和成熟3~5天,开花前植株显著矮化,脚矮茎粗,节密蒴多,粒重、含油量和产量均增加。

②注意事项:一是多效唑为强烈生长延缓剂,使用时务必严格控制用药剂量。用药量过高,对芝麻生长抑制过头。二是喷药要均匀,切不可重喷,以防局部地块施药量过高。三是多效唑在土壤中残留时间较长。施药田块收获后需耕翻,以防止对后茬作物有抑制作用。

3. 激素促进剂的使用技术

(1)赤霉素:又名九二○、GA$_3$,主要剂型有85%可溶性粉剂、

4%乳油、40%水溶性粒剂、40%水溶性片剂、20%可湿性粉剂。赤霉素是一种广谱高效植物生长调节剂，可以增强细胞的活力，使生长速度加快；能抑制延缓剂的作用，植株能在短时间内增加株高。对大田中的小苗、弱苗及时喷施，效果显著。

①使用方法：喷施对象以幼苗为主，喷施浓度为10毫克/千克，还可以加同样浓度的尿素混合喷施。施药宜在早、晚无风时进行。据中国农业科学院油料作物研究所土肥室多点试验结果：始花期喷1次10毫克/千克的赤霉素，喷后配合氮素追肥和中耕管理，能促进细胞伸长，增加分枝数，扩大叶面积，提高结蒴密度，增产17.1%。

②注意事项：粉剂在使用时，应用少量酒精溶解，且应现配现用。不能与碱性农药混用。若与尿素适量混用，效果更佳。刺激生长时，严禁在水肥不足或长势弱的植物上使用。

(2)复硝酸钾：又名"802"，主要剂型有2%水剂。复硝酸钾能迅速渗入植物体内，增强光合作用，促进根系吸收养分，促进种子萌芽、发根、植株生长和保花保果等，从而提高产量，改善品质。

①使用方法：据试验，以802第1次于苗期喷4000倍液，第2次于初花期喷4000倍液，第3次于盛花期(第2次喷后第19天)喷2000倍液的效果最好，产量比对照组增产10.5%，表现株高增长，单株蒴果数、每蒴粒数和千粒重明显增多。

②注意事项：一是使用时，在药液中加适量湿润剂可提高药效。二是一般在晴天下午3时后喷药，喷药后6小时内遇雨应重喷。三是能与一般农药混用。四是与适量尿素混用，其效果更好。

(3)核苷酸：据试验，以20毫克/千克核苷酸于始花期，每7天喷1次，连喷2次，产量比对照组增加19.01%、结蒴率提高6.6%。

(4)增产灵：又名对碘苯氧乙酸，是一种广谱性植物生长调节

剂。对人、畜低毒,对鱼类也较安全。主要剂型有 95％原药、
0.1％乳油。增产灵能调节植物体内的营养物质从营养器官转移
到生殖器官,加速细胞分裂,促进生长,缩短发育周期,促进开花、
结实,防止落花落果,从而增加产量。

①使用方法:肥沃土地上喷 10 毫克/千克,瘠薄土地上喷
20 毫克/千克,于始花期开始喷,每周喷 1 次,连喷 2 次,使结蒴率
提高 1.8％和 3.5％,产量增加 8.4％和 28.5％。

②注意事项:一是增产灵原药在水中不易溶解,使用时应先用
酒精或热水溶解,然后再加水稀释。二是药液中如有沉淀,可加入
少量纯碱溶解。三是花期喷药应在下午进行,以免药液喷在花蕊
上而影响授粉。四是喷药后 6 小时内如遇雨,需重新喷药。五是
使用增产灵应在科学用肥的基础上,重视氮、磷、钾肥的配合,才能
发挥增产作用。

第四节　芝麻减灾技术

由于我国的地理位置,每年都有不同程度的干旱、洪涝、大风、
冰雹等灾害性天气出现,对芝麻生产造成一定威胁,因此,在这些
灾害出现之后要及时采取措施,把损失减到最小程度。

一、芝麻旱灾后的补救

芝麻根系浅,稍耐旱但最忌渍害,长期的干旱胁迫也会抑制其
生长发育,引起减产。

1. 芝麻旱灾的危害

当土壤水分低于田间最大持水量的 50％时,叶片出现萎蔫,
便产生了旱象。若旱情得不到缓解,延续时间长,叶片则出现萎
蔫、发黄和脱落,花蕾脱落,植株矮小,造成减产,受旱严重者可达

50％以上。

2. 旱灾后的补救

（1）抗旱灌溉：在伏旱或秋旱持续数日情况下，看到芝麻植株上部花蕾脱落，叶片出现萎蔫，当下午高温过去后，叶片又可逐渐恢复，此现象出现时，应立即组织灌水。灌溉的方法有沟灌、喷灌和滴灌，切忌漫灌。

（2）防衰：芝麻植株受旱后，叶小，根弱，细胞老化，输导组织收缩，对养分吸收慢，利用率低。因此，要结合灌水追施速效肥料。追肥要"少吃多餐"并开沟浅施。

（3）科学应用抗旱剂：选用抗旱营养剂喷施，可有效缓解旱情。

（4）防涝：受旱后常遇涝灾，因此要保证垄沟排水通畅，及时中耕，防止在土壤板结、根系较弱的情况下，影响作物根系呼吸，甚至造成窒息死亡。

（5）防虫：旱情严重时往往虫灾也较重，防治虫害时要交替轮换用药，多种措施并用，科学控制虫害。

二、芝麻涝害后的补救

1. 芝麻涝害的危害

当土壤水分高于田间最大持水量的90％，并持续72小时以上，则芝麻出现渍害反应，造成土壤含水量过高，土壤通气不良。以水旱轮作为主要栽培模式的芝麻容易遭受夏季涝渍而引发渍害，可造成芝麻根际缺氧，糖酵解、乙醇发酵和乳酸发酵产生的乙醇、乳酸、氧自由基等有害物质对细胞造成伤害。研究表明，渍害可造成幼苗生长缓慢甚至死苗，根系发育受阻，后期易早衰和倒伏。严重渍害可导致芝麻株高、茎粗、根粗、根长、绿叶数、叶面积、干重均明显降低，单株蒴果数和蒴粒数大幅下降，芝麻因此可能减产20％～50％。同时，渍害后土壤水分过多，田间湿度大，有利于病菌繁殖和传播,使茎点枯病、枯萎病、青枯病、立枯病和杂草等大量发生和蔓延,造成渍害次生灾害。

2. 渍害后的补救

防治渍害的关键在于降低土壤水分含量,结合苗期增施速效肥促进生长,及时防治次生病害的发生。

(1)及时清沟排渍:在阴雨天气结束后,根据田间地形挖设排水沟进行自流排水,地势低洼的地方要在四周铸起"防水墙",利用抽水机进行机械排水,确保 24 小时内将地表明水、耕层滞水排出田间。

(2)查苗补缺、补稀:对缺苗断垄的田块,要尽快进行移苗补栽。缺苗严重的田块,要进行重种或改种其他作物。

(3)中耕松土散墒:根据天气情况,及时进行中耕松土,以降低土壤湿度,散墒增根。中耕不宜太深,以免伤根太多,影响芝麻恢复生长。另外,结合中耕进行培土,做好埋根、防倒工作,这样水肥充足,有利于根系恢复生长。

(4)及时追肥:对受渍和长势差的田块宜马上追施肥料,使芝麻根系迅速恢复生长。渍害会导致土壤养分流失,根系的营养吸收能力下降。应根据苗期长势,每亩追施 4~6 千克尿素,以促进生长。在追施氮肥的基础上,要适量补施磷钾肥,增加植株抗性,每亩施氯化钾 3~4 千克或者根外喷施磷酸二氢钾 1~2 千克。

(5)防治次生灾害:阴雨结束后,如果低温高湿情况不能缓解,可选择晴天喷施 40%多菌灵胶悬剂 700 倍液于苗期、蕾期、盛花期喷雾,每次每亩用量为 75 千克,或甲基托布津稀释 800~1000 倍于蕾期、盛花期喷雾,也可用退菌特、双效灵等农药进行病害的防治。

受渍芝麻比较脆弱,且田间湿度大易发生地老虎、蚜虫、甜菜夜蛾等虫害,也要及时防治。

杂草旺发时,可根据渍害发生的时间,可分别选用播前除草剂、播后苗前除草剂、生长期杂草除草剂。

(6)生长调节剂的利用:试验证明生长调节剂能有效缓解芝麻涝害。

①乙烯利:乙烯利除了有催熟作用外,还有促进幼苗生长的作用。在抗渍害方面,植株在淹水条件下不定根增生和根皮层通气组织形成均需要乙烯利的参与。

②细胞分裂素:试验表明,施用细胞分裂素后芝麻光合速率略有提高,能够降低芝麻的渍害损失,矮壮素也有类似效果。因此在芝麻生长的中后期发生涝灾后,叶面喷 50 毫克/千克至 200 毫克/千克的细胞分裂素和其他促生性生长调节剂,可缓解涝害,提高产量。在芝麻易涝地区,为抵御涝害,可在芝麻幼苗期结合防病喷施 100 毫克/千克至 200 毫克/千克的乙烯利、活力生根剂、叶面宝等,改善芝麻根的结构,提高芝麻在病害、水涝等逆境情况下的抵御和修复能力。

三、芝麻台风后的补救

1. 台风的危害

台风是产生于热带海洋的一种急性旋转的空气旋涡,对芝麻生长影响主要是因为大风和暴雨造成严重的机械损伤、水灾和大面积倒伏。

2. 台风后的补救

芝麻生长季节,注意每天收听气象预报。在台风消息发布后,对可能遭受台风袭击、发生洪涝灾害的地方,早做准备,及时疏通沟渠,开好田间排水沟,确保排灌畅通;备足救灾农用物资;对已成熟的芝麻,及时组织抢收。

(1)迅速清沟排出积水:台风常伴有暴雨,对于受淹水田块,要在雨后抓紧清理沟渠,及时排除芝麻地积水,减少芝麻受淹时间,促进芝麻恢复生长。

(2)加强田间管理

①对于部分死苗田块,要及时查苗补苗;对于受灾较重、绝收的田块,要及时清理田园,并亩施石灰 25~30 千克进行消毒,精细整地,尽快改种速生、收获期短的叶菜。

②有望恢复生长的芝麻,一要及时扶正植株,扶正时必须在芝麻田土壤不干不湿时进行。对于倒伏较轻的田块,要根据倒伏的程度和方向,适当轻扶、巧扶和顺行扶。不能用力过猛,更不能一次拉过头或用力猛踩,以防造成人为损伤。也可以采用扶株支撑等方式使其恢复生长,以挽回部分产量和经济损失。扶正后摘除下部黄老病叶,清洁田园,促进通风降湿;二要及时中耕、松土、培土,促进植株尽快恢复生长;三要及时追肥,弥补流失的土壤养分,一旦作物恢复生机,应结合清沟培土及时补肥,补肥应采用叶面喷肥和根部施肥相结合的方法,以叶面喷肥为主。可用 3% 的尿素和 0.3% 磷酸二氢钾溶液喷施 2~3 次,每次间隔 5~7 天,以提高植株生理活性,减少落花落果,增加粒重。

③台风过后,由于芝麻植株受到损伤,水肥流失,土壤板结,空气湿度大,气温高,因此病虫害发生严重,应注意及时防治。

四、芝麻雹灾后的补救

冰雹是夏季经常出现的灾害天气,往往发生时间短,但破坏性强,雹灾往往会使芝麻遭受巨大的损失。

1. 芝麻雹灾的危害

芝麻受雹灾危害的轻重,主要取决于芝麻生长时期、冰雹密度和冰粒直径的大小以及冰雹发生时间的长短。芝麻苗期若受灾较轻,少数植株、叶片被打断,对芝麻的生长发育影响较小,可迅速排除田间积水,使植株尽快恢复生机。芝麻花期恢复能力较弱,此时受雹灾,常常造成花、蕾脱落,植株、叶片被打断,对产量影响较大。

2. 芝麻雹灾后的补救

为促进受灾地块植株生长发育,加快其生育进程,将损失降到最低,应采取如下管理措施:

(1)查明情况:根据芝麻受害程度决定补种或毁种,结合农时季节和有效积温情况,应对 3 成苗以上的地块进行补种,对 3 成苗以下的地块进行毁种。补种时要注意除草剂对补种或毁种作物的影响,对于已喷施含有乙草胺或 2,4-D 丁酯等化学除草剂的地块,只能补种或毁种大豆和玉米;已喷施含有普施特、广灭灵类等化学除草剂的地块,只能补种或毁种大豆和菜豆。

(2)迅速清沟排出积水:冰雹常伴有大雨,灾后应及时疏通田间沟系,排水降渍。

(3)修整保留植株:对能够恢复生长、可以保留的受害植株应进行修整,尽快剪掉残叶,把倒伏的植株扶正培土,以利于植株继续生长。

(4)加强铲趟:雹灾后,土壤板结,地表冷凉,通过加强铲趟,可以有效地改善土壤环境状况,活化土壤,散寒增温,同时通过铲地培土壅根,刺激芝麻茎秆基部产生新根,达到以地下促地上目的。

(5)追肥促长:芝麻遭受雹灾后,叶片被打烂,有的甚至折断,所以要在常规追肥的基础上,偏追速效性氮肥,可选用硝酸铵或硫酸铵,每亩追施 15 千克,一般不提倡喷施叶面肥,以免造成烧苗。

(6)喷施植物生长调节剂:芝麻遭受雹灾后,由于芝麻自身生长素的损失和转移,急需从外源补充生长调节物质,一般可选用喷施宝、爱多收等叶面喷施。

第五节　无公害芝麻产品的控制

随着人们生活水平的提高,国内外市场对优质、安全和卫生的绿色芝麻食品需求量日益增加。发展绿色芝麻食品生产,既是环保和人类健康的需要,也是国内外市场、农村经济和农业可持续发展的需要。

近些年来,我国芝麻的种植面积、单产和总产虽有了较大的发展,但化学农药和化肥在芝麻中的残留及其负作用却越来越明显,农业生态环境污染、产品质量下降等问题日趋严重。国际市场的绿色壁垒对我国芝麻产品的安全要求和环保要求日趋严格,我国的芝麻产品一旦超出进口国制定的农残标准,便会遭遇重大损失。

一、芝麻污染的原因

芝麻的生长环境如大气、水、土等受到污染,将直接影响到芝麻的生长发育及其质量。同时通过大气、水体、土壤等各种媒介物转移并残留于芝麻体内,造成食品污染(包括种子的污染),再通过人类食用芝麻及其产品,最终危及到人类的健康。

1. 芝麻生长环境的污染

(1)大气污染:芝麻生长环境的周围大气受到污染后将直接影响芝麻的生长发育状况,大气污染主要是由工业废气的排放、汽车尾气、能源的燃烧和农药化肥等污染造成的,其中工业废气是大气污染的主要污染源。

(2)水体污染:水体污染主要来源于工业"三废"和城市"三废"。水体污染包括重金属、农药、有毒物质以及其他有毒元素、病原菌和有毒合成物质等。另外,土壤中残留的农药、肥料中的有害成分,亦会通过地表径流和地下水造成水体污染。

(3)土壤污染:土壤中的主要污染物质包括有机废物、农药、重金属、寄生虫、有毒物质、病原菌、病毒、放射性污染物、煤渣、矿渣及粉煤灰等。城市垃圾、人畜粪及医院废弃物中含大量病原体,这些病原体通过水体、大气、土壤等途径残留于芝麻内部,人食用后严重危害健康。

2. 栽培过程的污染

栽培过程中的污染是指在芝麻栽培的过程中,由于使用农药、化肥等生产资料不当和生产操作规程执行过程中的失误导致的污染,主要表现为农药污染和肥料污染。

(1)农药的污染:长期不合理、超剂量使用化学农药,使得害虫和病原菌种群的抗药性逐年增强,抗药性的增强又迫使芝麻生产者不断加大农药的用量,增加使用的农药次数,农药的浓度越用越大,高残留农药和剧毒农药的使用也越来越广,致使芝麻产品中的农药残留量越来越高。大量不合理使用化学农药,不但直接危害消费者的身体健康,还严重破坏生态环境。

(2)肥料的污染:为了获得一定的产量,大量使用无机化肥,尤其是片面大量使用无机氮肥,不仅导致芝麻种子内硝酸盐大量积累,而且造成地下水的高度富盐基化。硝酸盐在人体内经微生物作用可被还原成有毒的亚硝酸盐,它可与人体血红蛋白反应,使之失去载氧功能,造成高铁血红蛋白症,长期摄入亚硝酸盐会造成智力迟钝。亚硝酸盐还可间接与次级胺结合形成强致癌物质亚硝胺,进而诱导消化系统癌变。

3. 芝麻产品后期流程的污染

芝麻产品采收后在运输与贮藏保鲜过程中若管理不当易腐烂、病变,从而使一些有毒成分不断聚积,形成污染。

二、无公害芝麻产品的控制

1. 选择无污染的生态环境

(1)大气质量标准:选择远离工矿企业(5000 米以外),无工业"三废",光热资源丰富,生态环境多样,大气不被工业废气污染的基地。大气、水、土壤等环境质量符合无公害农产品生产基地环境质量标准。

(2)水质质量标准:绿色食品芝麻生产的农田灌溉水质标准,即灌溉水中的镉、铅、汞、砷、氟化物、铬、氰化物、氯化物、细菌总数、大肠杆菌数、化学耗氧量、生化耗氧量、溶解氧等均达到或不超过国家规定的最高允许标准。这个标准主要用来控制农田灌溉水的质量,防止土壤、地下水和芝麻产品受污染。

水质控制标准是:$5.5 <$ pH 值 < 8.5;总汞 < 0.01 毫克/升;总镉 < 0.005 毫克/升;总铅 < 0.1 毫克/升;总砷 < 0.05 毫克/升;铬(六价)< 0.1 毫克/升;氟化物 < 3 毫克/升;氯化物 < 250 毫克/升;氰化物 < 0.5 毫克/升。

(3)土壤质量标准:绿色食品芝麻生产的土壤中重金属如汞、砷、镉、铅、铬等的含量,六六六、滴滴涕等农药残留量和硝酸盐含量经检测不应超出或低于国家标准。土地要选择地势高燥,灌排良好,土壤肥沃,质地疏松的沙壤土和轻壤土。

土壤控制的标准是:镉 ≤ 0.31 毫克/千克;汞 ≤ 0.50 毫克/千克;铬 ≤ 200 毫克/千克;砷 ≤ 30 毫克/千克;铅 < 300 毫克/千克。

(4)最好选择 3 年以上没有种植芝麻,土层深厚,土质疏松,地力中等以上,旱能浇、涝能排的轮作倒茬地块。

2. 品种选择

选用优良品种选用优质、抗病、适应性广的新品种,以提高种子发芽势和消灭部分病菌。种籽粒形显示该品种自然特征,纯度98%以上,子大粒饱,均匀干净,无病斑、虫眼、霉变,发芽率 90%以上。选用芝麻抗病品种时要注意如下几点:

(1)要针对该地区的芝麻病虫害发生特点及适合该地区的生态环境。

(2)要正确理解芝麻抗病品种的抗病强度。目前一些芝麻抗病或耐病品种仍属低水平抗性,这些品种通常比一般品种发病率低,在一些重病区,其发病率仍较高。此外,有些抗病品种只是对某种病害的单独感染有完全的抗性,但是有时受其他病害侵染时这种抗性就会减弱。

(3)要注意抗性品种的轮换种植,由于随着抗病品种的不断推广,一些地区原来极为严重的病害可能会逐步消失,一些次要病害将会逐步上升为主要病害。因此,要定期轮换种植抗性品种。

3. 科学、合理地选用化肥

根据生产无公害蔬菜的肥料使用准则规定,在使用肥料的选择和改土培肥方面应注意以下几点:

(1)要加大有机肥料的施入量:蔬菜栽培地要注意增施腐熟的堆肥、畜禽肥等厩肥以及绿肥等,尽量减少化肥用量,杜绝偏施氮肥。

增施有机肥不但可以增加土壤有机质含量,改善土壤物理性状,对提高土壤肥力有重要作用,而且可以改良沙性土壤,提高土壤容量,还能促进土壤对有毒物质的吸附作用,提高土壤自净能力。此外,有机质又是还原剂,可促进土壤中镉形成硫化镉沉淀物。

要逐渐减少化肥用量,并严格防止过量施用氮肥。因为氮肥在土壤中易降解或氧化成硝酸盐,在土壤中聚集并进入植物体内累积,通过人类食用危害人体健康。要增施磷、钾复合肥和微量元素肥料,把肥料中重金属和有毒物质的污染减少到最低限度。

(2)提倡使用菌肥和生物制剂肥料:生物制剂肥料,对环境污染很低。还可以利用生物制剂菌肥使秸秆还田,增加土壤有机质;利用生物菌肥等制剂把畜禽粪再度发酵后使用。

(3)防治水土污染:禁止在蔬菜地上施用未经处理的垃圾和污

泥,严禁污水灌溉。

(4)施加抑制剂,减少污染物的活性:这样不但可以改善土壤的 pH 值,还能使作物降低对放射性物质的吸收。

4. 科学、安全地使用农药

生产绿色芝麻食品并非禁用农药,关键是要科学合理用药,要轮换交替和隐蔽性施用,要选用生物农药及高效、低毒、低残留、有选择性的化学农药,力求既能防治病虫害,又能控制芝麻上的农药残留量不超标。

(1)选用高效、低毒、低残留的化学农药。

(2)禁止使用剧毒、高毒和高残留农药。

(3)推广应用生物农药:如 B.t 乳剂、灭虫灵、苦参素等都是低污染或无污染的生物农药,应大力推广应用。

(4)采用物理措施控制病虫害:许多传统的农田管理措施都是很好的物理治虫方法,例如冬耕、冬灌、中耕灭茬等,能够有效地破坏害虫的生态环境,抑制或破坏害虫的正常生长发育,达到控制害虫发生危害的目的。

(5)严格遵守农药使用准则,科学安全地用药:我国农药使用准则国家标准中对农药的品种、剂型、施药方法、最高药量、常用药量、最高残留量、最后一次施药与收获的间隔天数和最多使用次数都做了具体规定,在使用农药时要针对病虫草害发生的种类和情况,选用合适的农药品种、剂型和有效成分。要根据规定适量用药,控制用药次数,不能随意加大用药量、增加施药次数。严格遵守农药使用的安全间隔期,是保证产品中农药残留量低于最大允许残留量的重要措施。蔬菜产品的采收期,一定要超过农药的安全间隔期,切记在蔬菜采收前后不可施药。

5. 采用先进的栽培技术

要采用高产优质综合配套的栽培技术应注意以下几方面:

(1)建设高标准田块,改善田间生态条件:要完善田地的水利设施,排灌系统应配套做到需水时保灌溉,降雨时及时排。采取有效措施,降低地下水位,防渍防涝。严禁污水灌溉,严禁大水漫灌。

(2)种子处理:选用优质高产抗病品种,严格对种子进行消毒,培育壮苗。

(3)采用合理的轮作、间作和套种:轮、间、套作(种)等栽培制度都可视为害虫治理措施。轮作使生态系统呈间断性变化,可恶化害虫的生态条件,降低其发生危害程度;间作和套种在客观上丰富了天敌的栖息环境及替代食物,起到保护天敌,使之发挥或增强持续控害能力的作用。

(4)利用芝麻生长发育调控措施控制病虫害:在芝麻生长期内采取的排灌、施肥、施用芝麻生长调节剂(或微量元素)等改善和促进农艺性状的措施,均能同时增强芝麻的抗、耐病虫害的能力或调整敏感发育期,使之避害。

6. 产品的后期流程防止污染

要生产无公害蔬菜,除基地环境和生产过程严格防止污染外,在产品采收直至销售等后期流程的各个环节,也应采取相应有效的措施防止产品污染。

(1)采收:产品采收应尽可能保持产口清洁卫生无污染,保持产品外观无黄叶、无泥沙、无病斑、无伤损、无水分。清除泥土、黄叶,避免产品破损、腐烂与霉变。

(2)贮藏:贮藏保鲜期间,应选用适当的贮藏保鲜方法和贮藏条件,防止产品的污染。贮藏场所应注意控制好温度和湿度,注意通风,防止自然变质。

(3)运输:运输过程严格防止过重的堆压、机械损伤,注意运输过程的通风和温度、湿度的控制,防止腐烂与霉变。

第四章　芝麻病虫草害的防治

与其他作物相比,芝麻生性娇嫩,对外界环境相当敏感,病虫害时有发生,且种类繁多,对芝麻危害十分严重,影响芝麻产量的提高和品质的升级,制约着芝麻的发展,因此,种植者要重视病虫害的防治工作。

第一节　病虫草害的综合防治措施

芝麻的病虫草害防治应坚持预防为主,综合防治的植保方针,只有将农业技术防治、化学药剂防治、生物防治及物理机械方法防治等有机结合起来,形成一个综合防治体系,才能达到有效防治的目的。

一、病虫害发生的原因

尽管芝麻病害种类繁多,病源来源广泛,但病害的发生和流行,必须具有易感病的植株、一定数量的病原、发病的适宜温度和湿度三个条件。

1.病原

病原主要包括真菌、细菌和病毒,这些病菌在条件适宜时,经过一定途径传播到植株上,导致植株发病。病原传播的方式主要有以下几个方面:

(1)种子:种子是病毒病、疫病等多种病菌的寄生场所之一,因此,种子带菌是病害传播的主要方式。由于种子的数量少,病菌较集中,经过消毒处理的种子均可有效地消灭寄生的病菌。但不重视种子消毒,种子带菌仍是病害传播的主要方式之一。

(2)空气传播:在发病期,空气带有大量的病菌,一旦条件适宜即可侵染发病。

(3)病株残体、未腐熟的有机肥带菌、杂草:芝麻收获后,残根、残叶未清理干净,未深埋或烧毁,一旦条件适宜所携带的病原就可侵染致病。利用不腐熟的有机肥,病菌也会侵染植株。田间很多杂草是多种病毒寄生和越冬的场所,如不及时铲除、烧毁或深埋,也会传播病毒病等病害。

(4)土壤带菌:很多病菌,如叶枯病、立枯病、疫病等病菌,可在土壤中腐生存居多年。在多年重茬、连作的地块中,病原菌积累过多,可导致发病。

(5)灌溉水带菌:直接利用河水、塘水、湖水等灌溉时水中的多种病原菌,也会导致病害的发生。

(6)设施带菌:很多病菌可以附着在锄、镐等农具上,在带病的土壤中操作后也可传播病菌,这些病菌也会成为病害的传染源。

(7)昆虫传菌:蚜虫吸食有病毒病的植株后,成为带毒源,再吸食健康植株,导致其发病。

2. 适宜的发病条件

不同的病害发生、流行、侵染均需要一定的环境条件。除少数病害发病需在高温、干旱的条件下外,大多数病害适于在温和、高湿的条件下发生。多种病害发生的适宜温度为 $15\sim20℃$,这也是芝麻生长发育所需的温度。因此,只要芝麻生长发育,病菌也就一定跟着发生、发展。

3. 植株抗病性差

尽管有适宜的发病环境条件,有足够数量的病原,还必须有抗病力弱、易发病的植株方可发病、传播。这就是在相同条件下,不同的植株发病情况不一样的主要原因。

4. 病害的传播途径

田间有了发病植株,有了足够数量的病原,具备了发病适宜环境条件,还必须通过一定的途径才能侵入到其他植株上,造成病害的传播。茎点枯病、叶枯病、疫病等主要依靠风、水滴和田间操作来传播;青枯病等主要依靠灌溉水、土壤耕作、地下害虫等传播;病毒病依靠蚜虫和农事操作接触传播。传播途径的有与否,是病害发生的重要条件之一。

5. 防治不力

病害的发生、流行,是一个由少到多,由轻微到严重的过程。如果在发病初期未能及早采取措施,或是措施不力,均会造成病害的发生、传播。

二、芝麻病害综合防治技术

引起芝麻病虫害发生的因素相当复杂,因此在芝麻病虫害的防治上,主张以农业防治为主,药剂防治为辅的综合防治技术措施。在综合防治上,首先选用抗病品种、实行轮作倒茬、因地制宜地采用沟厢栽培、辅之药剂防治 4 个方面。

1. 选用抗病品种

生产实践证明,对芝麻病害虽没有高抗品种,但品种间抗病能力存在着显著差异,因地制宜的推广高产抗病新品种,是防治芝麻病害的一个经济有效的措施之一。

2. 实行轮作倒茬

实行轮作倒茬是防病增产的重要措施,推广 2～5 年轮作制,可以减轻或避免病害的发生,芝麻大部分病害都是以病残体带菌在土壤中越冬存活,如芝麻茎点枯病的菌核在土壤中可以存活达 2 年之久,因此,避开连作,实行多年轮作,对减轻发病有很大作用。

3. 采用深沟窄厢栽培

芝麻是一种不耐涝作物,尤其在花期以后,耐渍性更差,田间积水,阻碍植物的正常呼吸,植株生长衰弱,易遭受病菌侵害造成死亡。7~8月是降水集中时期,也是芝麻生长的关键时期,正值芝麻开花、结蒴、籽粒形成的重要时期,高温、高湿的条件,有利于芝麻病害的发生和蔓延,所以防涝排渍,缩短田间积水时间,是减轻病害的主要措施。

4. 清除病株

及时拔除病株,带出田外销毁,防止病菌扩散蔓延。芝麻收割后及时清除田间病残体,集中烧毁或深埋以减少越冬菌源。

5. 化学防治

在害虫发生较严重时,必须进行化学药剂防治。化学药剂的施用要遵守保护天敌、喷药与收获有足够的间隔时间、低毒、低残留等原则。

(1)种子处理:大部分芝麻病害都是种子带菌,种子处理能有效杀死种子表面病菌,对防治芝麻病害特别是苗期病害效果明显。

(2)彻底防治蚜虫等传毒媒介。

(3)生长期药剂防治

①对症下药,防止污染:各种农药都有自己的防治范围和对象,只有对症下药,才会事半功倍,否则,用治虫的药治病,治病的药防虫,只会是劳而无功,徒费农药,得不偿失。在芝麻病虫害防治中,应严格遵照农业部的有关规定,严禁使用六六六、滴滴涕、毒杀芬、二溴氯丙烷、杀虫脒、二溴乙烷、除草醚、艾氏剂、狄氏剂、汞制剂、砷、铅类、敌枯双、氟乙酰胺、甘氟、毒鼠强、氟乙酸钠、毒鼠硅、甲胺磷、甲基对硫磷、对硫磷、久效磷、磷胺、甲拌磷、甲基异柳磷、特丁硫磷、甲基硫环磷、治螟磷、内吸磷、克百威、涕灭威、灭线磷、硫环磷、蝇毒磷、地虫硫磷、氯唑磷、苯线磷等禁用剧毒、高残留农药。

②时机适宜,及时用药:芝麻病害暴发流行速度快,因此药剂防治一定要在病害未发生之前或发病初期进行。

③浓度适宜,次数适当:喷施农药次数不是越多越好,量不是越大越好。否则,不但浪费了农药,提高了成本,而且还可能加速病、虫生物抗药性的形成,加剧污染、公害的发生。在病虫害防治中,应严格按照规定,控制用量和次数来进行。

④适宜的农药剂型,正确的施药方法:尽量采用药剂处理种子和土壤,防止种子带菌和土传病虫害。采用油剂进行超低容量喷雾时,喷药应周到、细致。高温干燥天气应适当降低农药浓度。

⑤交替施用,提高防效:用两种以上防治对象相同或基本相同的农药交替使用可以提高防治效果,延缓对某一种农药的抗性。

⑥保护天敌:在施用农药时,注意采用适当剂型,保护天敌。

⑦安全用药:绝大多数农药对人畜有毒,施用中应严格按照规定,防止人、畜及天敌中毒。

第二节 芝麻主要病虫害防治

一、病害防治

芝麻主要病害有茎点枯病、枯萎病、青枯病、疫病等。

1. 茎点枯病

芝麻茎点枯病又叫黑根病、黑秆病、茎腐病等,是芝麻的主要病害。

【发病特点】 病菌以小菌核在土壤、种子和病残株上越冬。第 2 年播种后,萌发的种子可刺激菌核萌发。小菌核长出菌丝侵入幼苗、子叶、幼芽、幼茎,导致烂种、烂芽和死苗。病苗长出分生孢子器,吸水后,由孔口涌出大量孢子,通过风、雨、气流传播,侵入芝麻其他部位,引起茎秆、蒴果发病,在病株上再次传播。反复多次传染,到芝麻成熟期发病达到高峰。

茎点枯病的病菌是弱寄生菌,健壮植株不易被侵害。高温、高湿、多雨有利于病害发生流行,偏施氮肥、种植过密和连作地为害加重。此菌除侵染芝麻外,还可以危害茄科、豆科、麻类等作物。

【发病特征】 主要为害芝麻茎秆、根部及幼苗,芝麻苗期、盛花期阶段最易感病。

苗期发病,病苗地上部萎蔫枯死,根部变褐死亡。

茎部受害后,病茎初呈黄褐色水渍状斑点,并迅速发展,变成环绕状斑点,至晚期病斑呈黑褐色,以后茎秆中空、容易折断。

根部受害后,主根、支根逐渐变成褐色,根皮层内形成大量黑色菌核,致使根枯死。

【防治方法】 芝麻茎点枯病是一种顽固性病害。小菌核在土壤中可存活 2 年,病原菌致病力强,寄主范围广,菌源存在广泛,是一种较难防治的病害。在防治上应以农业防治为主,辅以药剂防治,采取综合防治的策略。

(1)合理轮作倒茬:与水稻、小麦、玉米、高粱、谷子等禾本科作物及甘薯实行 3 年以上轮作,可减轻病害,但忌与豆科作物轮作。

(2)选用抗病品种及种子处理:选择耐渍、抗病性强品种。播种前进行浸种处理。

(3)清除病株:及时拔除病株,带出田外销毁,防止病菌扩散蔓延。芝麻收割后及时清除田间病残体,集中烧毁或深埋。

(4)加强管理:增施基肥,基肥以中迟效有机肥为主,并混施磷、钾肥、苗期不施或少施氮肥,培育健苗,使病菌不易侵入。采用高畦栽培,及时清沟排水,防止田间有积水,降低田间湿度。

(5)药剂防治:平时深入田间进行观察,发现病情及时进行喷药防治。发病初期用药可用 37%枯萎立克可湿性粉剂 800 倍液,或 50%多菌灵可湿性粉剂 600～700 倍液,或 50%甲基托布津可湿性粉剂 800～1000 倍液,或 80%硫酸铜可湿性粉剂 800 倍液,或 50％退菌特 1500 倍液,或 10％双效灵 1500 倍液,或 50％敌克松 500 倍液,或 36％甲基硫菌灵悬浮剂 600 倍液,或 50％苯菌灵可湿性粉剂 1500 倍液,40％百菌清悬浮剂 600 倍液。喷药时使药液顺茎秆下流,每隔 7 天喷 1 次,春芝麻喷 2～3 次,夏芝麻喷 3～4 次,可有效防治茎点枯病的流行。此外喷洒 1∶1∶150 倍式波尔多液或 47％加瑞农可湿性粉剂、12％绿乳铜乳油 600 倍液也有效。

2. 枯萎病

芝麻枯萎病又称半边黄或黄化病,是芝麻的主要病害之一。普遍发生于我国主要芝麻产区,可使芝麻的品质显著下降。

【发病特点】 病菌以菌丝潜伏在种子内或随病残体在土壤中越冬。翌年侵染幼苗的根,从根尖或伤口侵入,也能直接侵染健根,进入导管,向上蔓延到茎、叶、蒴果和种子。连作地、地温高、湿度大的瘠薄沙壤土易发病。一般发病率10％～20％,严重时可达30％以上。品种间抗病性有差异。

【发病特征】 芝麻枯萎病从苗期到成株期都可发生。苗期发病出现猝倒或枯死。后期发病,叶片由下向上逐渐枯萎,与芝麻青枯病的凋萎顺序恰恰相反。潮湿时病斑上出现一层粉红色粉末。病茎导管或木质部呈褐色。病根部半边根系变褐,并顺沿茎部向上侵染,使相应的半边茎部呈红褐色干枯条斑。病株发病半侧因为受导管阻塞及病菌分泌毒素的毒害,其叶片枯死呈半边黄现象,并逐渐枯死脱落。半侧的蒴果也变小。病株早熟枯死,籽粒瘦瘪,易炸蒴脱粒。

【防治方法】 防治芝麻病害应以农业防治为主,药剂防治要掌握在病害发生前喷药保护,或发病初期用药。

(1)种植抗病品种:要根据当地实际情况,因地制宜地选择适合当地种植的抗病品种,并进行浸种处理。

(2)合理轮作:实行 2～5 年轮作可以减少该病的发生。轮作作物以禾谷类作物为好,不要与花生、豆类和黄麻等感病严重的作物轮作。

(3)沟厢栽培:芝麻是一种耐旱怕涝的作物,涝渍时病害严重,进行沟厢栽培能达到排涝防病的目的。播种时要高标准高质量,建立小厢田间排水系统,一般厢宽 2~5 米,沟深 15~20 厘米为宜,做到地界沟、地头沟和地外排水沟 3 沟相通,使明水能排,暗水能泄。

(4)科学施肥:少施氮肥,增施磷钾肥,使植株生长健壮,增强抗病能力。施用纯氮应控制在每亩 15 千克,氮、磷、钾比例为1∶1∶1。施用的厩肥或堆肥,必须充分腐熟后再施用。

(5)药剂防治:从苗期开始每亩用 3%广枯灵 100 毫升,或98%恶霉灵 10 克加水 30 千克,或 37%枯萎立克可湿性粉剂 800倍液,或 40%多菌灵悬浮剂 700 倍液,或 50%甲基托布津可湿性粉剂 800~1000 倍液,或 80%硫酸铜可湿性粉剂 800 倍液喷雾,间隔 10 天连喷 3~4 次。田间发现病株后应及时喷药,可用 40%克菌灵 800 倍液,或 40%多菌灵 500 倍液,喷药量为每亩 50 千克,每隔 7~10 天喷 1 次,连续喷药2~3 次。另外,防治地下害虫,田间管理时避免伤根,可减轻病害。

3. 青枯病

芝麻青枯病又称芝麻瘟病,在我国芝麻主产区都有发生,局部地区危害严重。此病群众称黑茎病、芝麻瘟,病重地块芝麻常出现成片死亡现象。

【发病特点】 青枯病的致病细菌为青枯假单胞杆菌,属真细菌纲假单胞细菌目假单胞杆菌科。病菌主要随病株残体遗留在土壤中越冬,可存活 3~5 年,通过农具、流水和地下害虫传播。病菌自根、茎伤口或自然孔入侵,然后传到全株,引起死亡,土温在25~30℃时发病最重。雨后曝晴,最易发病。因此,高温、高湿是病害暴发的主导因素。

【发病特征】 在发病初期,植株茎部出现暗绿色病斑。以后逐渐加深,成为黑褐色条斑。发病植株叶片从顶部向下急剧萎蔫,老叶挂垂,继而全株死亡。根部和茎部维管束变为褐色,最后蔓延至髓部,造成空洞。病部常流出菌胶,干燥后变成漆黑晶亮颗粒。叶片发病后,叶脉呈墨绿条斑,有时纵横交错,结成网状,迎光透视,其中心呈油渍状,叶背面脉纹黄色突起呈波浪形。蒴果受害呈水渍状病斑,并且逐渐变成深褐色、粗细不同的条斑,使病蒴瘦缩,蔓延至种子,使种子变成红褐色。受害严重的种子瘦瘪,不能发芽。

【防治方法】

(1)轮作:芝麻与水稻隔年或隔 2 年轮作。因水稻田的土壤是嫌气条件,对好气性的青枯病菌不适合,因而大大降低病原,从而达到防病的目的。旱作区与非豆科作物如红薯、小麦、玉米等轮作,也可减轻病害。

(2)在播种前期灌水泡田,可使病原菌窒息死亡。

(3)改良土壤,增施有机肥和钾肥,注意排渍,能为芝麻生长发育创造良好条件,增强抗病能力而减轻病害。7 月份后停止中耕,以免伤根。注意防治地下害虫。

(4)药剂防治:及时拔除和烧毁病株,并用石灰水或西力生1 份、石灰粉 15 份,消毒病穴。在发病初期,每亩用 3% 的甲酚愈创本酚 50 毫升加 50% 的多菌灵丹 100 克,对水 50 升喷施,效果极佳。

4. 叶枯病

芝麻叶枯病是一种常发真菌性病害,主要为害叶片、叶柄、茎和蒴果。

【发病特点】 病菌以菌丝或分生孢子在病残组织内或种子及土壤中越冬,芝麻播种后形成的分生孢子借风雨传播,在叶片上产生病斑进行多次再侵染,引起叶、茎、蒴果发病。芝麻生育后期,雨日多、降雨量大的年份发病重。

【发病特征】 幼苗受害后,叶茎枯死;受害叶片初期产生小点状褐色病斑,后变淡褐色角斑,或不整形大斑,并有不明显轮纹及褐色霉层,即病菌的分生孢子梗和分生孢子;茎上病斑褐色,梭形或条形,中央凹陷;蒴果上病斑红褐色或紫色,略凹陷。

【防治方法】

(1)清除田间病株残体,深翻土地,避免低洼地种芝麻;选用无病地的种子;加强栽培管理,合理密植,增施有机肥及磷钾肥,清沟排水降低田间湿度。

(2)发病初期喷洒70%甲基硫菌灵可湿性粉剂800倍液,或75%百菌清可湿性粉剂倍液,或50%苯菌灵可湿性粉剂1500倍液,或1:1:150倍式波尔多液,或30%绿得保悬浮剂500倍液,或47%加瑞农可湿性粉剂700~800倍液,或12%绿乳铜乳油600倍液,隔7~10天1次,连续防治2~3次。

5.黑斑病

芝麻黑斑病是芝麻上常见病害,几乎遍布全国各种植区,影响芝麻品质,降低芝麻产量。

【发病特点】 病菌菌丝存在于病种子种皮内,偶尔进入胚或胚乳。病菌随种子或蒴果传病。降雨频繁和高湿易发病;傍晚的相对湿度和日最高温度对该病影响很大;芝麻生长期时晴时雨或晴雨交替频繁的年份发病重。

【发病特征】 主要为害叶片和茎秆。叶片染病,现圆形至不规则形褐色至黑褐色病斑。田间常见大病斑和小病斑两种类型。大病斑直径1~10毫米,有同心轮纹,上有黑色霉状物;小病斑圆形至近圆形,轮纹不明显,边缘略具隆起,内部浅褐色。叶脉、茎秆染病,现黑褐色水浸状条斑,严重的植株枯死。

【防治方法】

(1)因地制宜选用抗病品种;适期播种,合理密植;注意中耕除草,田间发现病株及时拔除;科学施肥,增施磷钾肥,提高植株抗病力;合理灌溉,雨后注意开沟排水;收获后清除田间病残体,减少来年菌源。

(2)播种后 30 天、45 天、60 天各喷洒 1 次 70%的代森锰锌可湿性粉剂 500 倍液,或 3∶3∶500 倍的波尔多液,或 40%的百菌清悬浮剂 500 倍液,或 80%的喷克可湿性粉剂 600 倍液,或 50%的扑海因可湿性粉剂 1500 倍液,有较好防病增产作用。

6. 花叶病

芝麻花叶病主要发生在河南、湖北、江西、安徽等芝麻种植区。

【发病特点】 有普通花叶型和皱缩花叶型两种。由芜青花叶病毒和一种球状病毒单独侵染或混合侵染所引起。流行年份,能引起芝麻 80%的产量损失。一般汁液或蚜虫都能传播,蚜虫发生多的地块发病较重。

【发病特征】 叶片首先沿叶脉间褪绿,呈黄绿相间花叶,后期叶片黄色增多,叶肉隆起,叶片变厚,并向叶背面卷曲,一般叶片不脱落。植株生长瘦弱。

【防治方法】

(1)清除田间杂草;适时晚播,避开蚜虫迁飞高峰期;防治蚜虫。

(2)田间发病严重时,在花期和封顶前用药剂防治。药剂有50%的多菌灵可湿淀粉剂 700 倍液或 70%的代森锰锌可湿性粉剂 600 倍液、70%的甲基托布津可湿性粉剂 800 倍液、75%的百菌清可湿性粉剂 800 倍液。

7. 立枯病

我国芝麻产区都有此病发生,主要在苗期为害,发病时幼苗较多死亡,造成缺苗。

【发病特点】 芝麻立枯病是由无孢真菌引起的苗期病害,病菌以菌核和菌丝附在病残体上越冬,种子也能带菌,第 2 年侵入幼茎,引起发病。芝麻出苗后遇低温、高湿发病严重。立枯病菌是一种土壤习居菌,能在很多土壤中长期存留,最普遍的寄主有甜菜、茄子、辣椒、马铃薯、番茄、棉花、菜豆等。

【发病特征】 幼苗茎基地下部一侧呈黄色至黄褐色条斑,逐渐凹陷腐烂,可扩展到茎基周围,缢缩变细,常从地表处折倒,轻病苗有时能恢复生长。阴雨低温雾照常引起幼苗大片死亡。

【防治方法】

(1)注意合理轮作,搞好田间排灌,合理密植,保进植株健壮生长,增强抗病力。经拌种处理的种子可有效控制病害。

(2)发病初期可喷 25%多菌灵可湿性粉剂 500~600 倍液,或 2.5%广枯灵 500 倍液喷施,每隔 3~5 天喷 1 次,连续喷 2~3 次,可获良好的防治效果。

8.疫病

芝麻疫病是一种毁灭性病害,主要为害芝麻茎基部、茎秆、蒴果、叶片。

【发病特点】 病菌以菌丝或卵孢子在病株残体上越冬,下一年病菌侵染茎基部,产生孢子囊,借风、雨、流水传播,进行扩大侵染。7 月份当芝麻现蕾开花时开始发病,8 月份达到发病高峰。在多雨潮湿时发病严重。

【发病特征】 叶片上起初生有褐色水浸状不规则斑,潮湿时病斑迅速扩大,呈黑色湿腐状,病斑边缘产生白色霜状霉,干燥时病斑呈黄褐色。由于干湿气候交替,病斑渐扩展形成大的轮纹圈,病部干燥后常收缩形成畸形。茎部病斑初呈墨绿色水浸状,以后逐渐变为深褐色病斑,环绕茎部。病部缢缩,无明显边缘,并迅速向上下扩展。茎部发病后常使全株枯死。顶部受害,嫩茎收缩变褐枯死,潮湿时腐烂。蒴果受害后首先产生暗绿色水渍状斑点,缢缩凹陷,生有棉絮状白霉。

【防治方法】

(1)轮作倒茬:芝麻最忌连作,应与棉花、大豆、甘薯及禾本科作物实行 2~5 年轮作,能较好的控制病害的发生流行。

(2)种子处理:播种前进行种子处理晾干后播种,可杀灭种子上携带的病菌。

(3)土壤处理:每亩用 50% 多菌灵 1 千克拌适量的细干土在整地时撒入土壤中,可使芝麻苗期病株率减少,有效控制苗期发病。

(4)加强管理:加强水肥管理,增施基肥,基肥以腐熟的有机肥为主,并配合施入磷、钾肥,氮素肥料要酌量少施。苗期不施或少施氮肥,培育壮苗,增强芝麻的抗病性能,使病菌不易侵入。及时中耕松土,在中耕除草时要尽量避免伤及根系,防止病菌从伤口侵入。及时清沟排水,防止田间有积水,降低田间湿度。

(5)清除病株:在芝麻发病时要及时拔除病株,带出田外烧毁,防止病菌蔓延扩散。收割后及时清除田间病株残体,集中烧毁或深埋,减少越冬菌源。

(6)药剂防治:在发病初期可选用 40% 多菌灵可湿性粉剂 700 倍液,或 50% 甲基托布津可湿性粉剂 800~1000 倍液,或 37% 枯萎立克可湿性粉剂 800 倍液,或 80% 硫酸铜可湿性粉剂 800 倍液等,喷雾防治。每隔 10 天喷 1 次,连喷2~3 次。

9. 轮纹病

芝麻轮纹病是芝麻上常见病害,全国芝麻种植区分布普遍。

【发病特点】 病原菌以菌丝在种子和病残体上越冬。翌春条件适宜产生分生孢子,借风雨传播进行初侵染和再侵染。花期易染病。夏季阴雨连绵或相对湿度高于 90% 易发病。管理粗放的连作地或植株生长衰弱发病重。

【发病特征】 主要为害叶片,叶上病斑呈不规则形,大小 2~10 毫米,中央褐色,边缘暗褐色,有轮纹。叶斑与黑斑病相近,但病斑上有小黑点。

【防治方法】

(1)实行轮作。

(2)收获后及时清除病残体。

(3)雨后及时排水,防止湿气滞留。

(4)加强田间管理,适时间苗,及时中耕,增强植株抗病力。

(5)初花期和盛花期喷药防治,药剂有 50%多菌灵可湿性粉剂 800~1000 倍液,或 70%甲基托布津可湿性粉剂1000~1500 倍液,或 70%代森锰锌可湿性粉剂 500 倍液,或 3∶3∶500 倍式波尔多液,或 40%百菌清悬浮剂 500 倍液,或 80%喷克可湿性粉剂 600 倍液,或 50%扑海因可湿性粉剂 1500 倍液。每隔 7~10 天喷 1 次,连喷 2~3 次。

10. 红色根腐病

芝麻红色根腐病是近年我国芝麻种植区新发现的病害,在湖北、河南芝麻栽培区时有发生,影响植株产量。

【发病特点】 该病多发生在土壤水分过多的低洼、积水地,或大水淹后,根部窒息引致根部腐烂,生理机能衰弱,造成植株萎蔫死亡。

【发病特征】 危害茎基部。茎基出现褐色斑,初期病健组织分界不明显,后根部外皮变褐腐烂,剥去根表皮时内部呈红色,严重的全株叶片逐渐萎蔫,病株枯死。

【防治方法】

(1)采用高畦或选择高燥地块种植芝麻。

(2)合理肥水管理。科学施肥,增施磷钾肥,避免偏施氮肥,提高植株抗病力;适时灌溉,雨后及时开沟排水,防止田间积水。

11. 细菌性角斑病

芝麻细菌性角斑病属细菌性病害,在芝麻产区分布普遍。

【发病特点】 病原为丁香假单胞菌芝麻致病变种,病菌在种子和叶片上越冬,播种带菌种子是该病主要初侵染源,病菌也可在病残体中越冬,病菌在土壤中能存活 1 个月,4～40℃条件下病菌可在病残体上存活 165 天,在种子上能存活 11 个月,降雨多的年份发病重。

【发病特征】 苗期、成株均可发病。幼苗刚出土即可染病,近地面处的叶柄基部变黑枯死。成株叶片染病,病斑呈多角形,大小 2～4 毫米,黑褐色,前期有黄色晕圈,后期不明显。湿度大时,叶背溢有菌脓,干燥时病斑脱落或穿孔,造成早期落叶。

【防治方法】

(1)种子处理:种子用 0.5％的 96％硫酸铜或置入 48～53℃温水中浸种 30 分钟,防效可达 80％以上;用 0.025％硫酸链霉素浸种效果也很好。

(2)发病初期及早喷洒 1∶1∶100 倍式波尔多液或 30％绿得保悬浮剂 300 倍液、47％加瑞农可湿性粉剂 700～800 倍液、12％绿乳铜乳油 600 倍液、72％农作硫酸链霉素 4000 倍液。

12. 白粉病

白粉病是一种世界性病害,寄主十分广泛。

【发病特点】 在南方终年均可发生,无明显越冬期,早春 2、3 月温暖多湿、雾大或露水重易发病。北方寒冷地区以闭囊壳随病残体在土表越冬。翌年条件适宜时产生子囊孢子进行初侵染,病斑上产出分生孢子借气流传播,进行再侵染。生产上土壤肥力不足或偏施氮肥,易发此病。

【发病特征】 多发生在迟播或秋播芝麻上。主要为害叶片、叶柄、茎及蒴果。叶表面生白粉状霉,即病菌菌丝和分生孢子。严重时白粉状物覆盖全叶,致叶变黄。病株先为灰白色,后呈苍黄色。茎、蒴果染病亦产生类似症状。种子瘦瘪,产量降低。

【防治方法】

(1)加强栽培管理,注意清沟排渍,降低田间湿度。增施磷钾肥、避免偏施氮肥或缺肥。

(2)发病初期及时喷洒 25％三唑酮可湿性粉剂 1000～1500 倍液或 60％防霉宝 2 号水溶性粉剂 800～1000 倍液、50％硫磺悬浮剂 300 倍液。此外,还可喷洒 2％农抗 120 水剂或武夷菌素 150～200 倍液,视病情隔 10～15 天 1 次,共防 2～3 次。

(3)发病重或产生抗药性的地区可改用 40％杜邦福星乳油 8000 倍液,持效期长,防效优异。

13. 变叶病

变叶病又称"芝麻公"、绿花病,我国芝麻产区均有发生。

【发病特点】 此病病菌为菌质体,具有广泛的寄主,可在其寄主内越冬。田间由叶蝉传播,不能通过种子和汁液传播。该病发生传毒与叶蝉数量、种群密度、播期有关。播期早、叶蝉密度高易发病。

【发病特征】 初期染病植株矮化,叶片变小丛生,节间缩短,花瓣变成绿色,柱头也伸长,变成紧密排列的绿色小叶片。后期上部发病,花萼曲合,变为多萼,雄蕊变为绿色,雌蕊变扁,病株不能结实。

【防治方法】 用甲拌磷或久效磷颗粒剂进行土壤处理,结合喷洒异狄氏剂,可抑制该病扩展。

二、虫害防治

芝麻虫害常见的主要有地老虎、蚜虫、甜菜夜蛾、芝麻天蛾、盲蝽象、芝麻螟蛾、土蝗、棉铃虫、蓟马、蝼蛄、金龟子、金针虫等多种害虫。发生普遍、危害严重的主要是小地老虎、蚜虫、甜菜夜蛾、芝麻天蛾、盲蝽象等。

1. 地老虎

地老虎俗称地蚕、土蚕、切根虫、夜蛾虫等。全国各芝麻产区都普遍发生,危害严重,常引起芝麻缺苗断垄。其食性很杂,除芝麻外,还为害棉花、玉米、烟草、麻类、蔬菜等多种作物的幼苗。

【形态特征】 为害芝麻的地老虎主要为小地老虎和黄地老虎。

(1)小地老虎:小地老虎成虫是一种灰褐色的蛾子,体长 17～23 毫米,翅展 40～54 毫米,前翅棕褐色,有两对横线,并有黑色圆形纹、肾形纹各一个,在肾形纹外,有一个三角形的斑点。雄蛾触角为栉齿状,雌蛾触角为丝状。幼虫体较大,长约 50～55 毫米,黑褐色稍带黄色,体表密布黑色小颗粒突起。腹部末端肛上板有一对明显的黑纹。

(2)黄地老虎:成虫体长 15～18 毫米,翅展约 40 毫米。黄褐色,前翅横线不够明显,中部外侧有黑色肾状纹及 2 个黑色圆环。雄蛾触角为双栉齿状,雌蛾触角为丝状。幼虫体长 40～45 毫米。黄褐色,体表多皱纹,颗粒突起不明显。腹部末端肛上板有 2 块黄褐色斑纹,中央断开,小黑点较多。

【生活习性】 地老虎发生的代数各地不一。小地老虎在华北地区 1 年发生 3～4 代,长江流域发生 4～5 代,华南发生 5～6 代,广西发生 6～7 代。黄地老虎在内蒙古 1 年发生 2 代,甘肃发生 2～3 代,河南、山东、河北发生 3 代。在大多数地区以幼虫越冬,少数地区以蛹越冬。一般小地老虎在 5 月中下旬为害最盛,黄地老虎比小地老虎晚 15～20 天。两种地老虎幼虫为害习性大体相同,幼虫在 3 龄以前,为害芝麻幼苗的生长点和嫩叶,3 龄以上的幼虫多分散为害,白天潜伏于土中或杂草根系附近,夜出咬断幼苗。老熟幼虫一般潜伏于 6～7 毫米深的土中化蛹。成虫在傍晚活动,趋化性很强,喜糖、醋、酒味,对黑光灯也有较强的趋性,有强大的迁飞能力。在潮湿、耕作粗放、杂草多的地方发生。

【防治方法】

(1)铲除杂草:因小地老虎第一代成虫产卵在杂草上,因此,全面铲除杂草,集中处理,即可减轻危害。

(2)糖醋毒草诱杀：将新鲜幼嫩的杂草切成 1 厘米左右长,把糖精 5 克、醋 250 克、25%滴滴涕乳剂 25 克加 1 千克清水,配成的药液搅拌均匀,喷于切碎的草料上,制成毒饵,傍晚撒施于芝麻地内,可有效杀死地老虎。或 90%用敌百虫 0.5 千克、饵料(可用碾碎炒香的麻饼、豆饼、麸皮等)50 千克,再加适量水,制成毒饵傍晚撒施,每亩撒毒饵 4～5 千克,效果显著。还可用青草 15～20 千克,加 90%敌百虫 0.25 千克制成毒饵诱杀地老虎。

(3)喷洒药剂：用 50%辛硫磷乳油、2.5%溴氰菊酯 1000 倍液,喷杀 3 龄前幼虫,于傍晚进行,连喷 2 次,杀幼虫效果 95%以上。或喷施 50%氧化乐果加 2.5%溴氰菊酯 1000 倍液混合喷雾效果更好。对 4 龄后老熟幼虫可用 90%的晶体敌百虫 500～600 倍液或用氧化乐果加菊酯类药液混合喷雾。

(4)人工捕杀：在地老虎危害期间,每天清晨到地里去检查,若发现有被害幼苗,就拨开幼苗旁的土层(3.0～7.0 厘米深)捕杀幼虫。

2. 蚜虫

芝麻上发生的蚜虫即桃蚜,也称烟蚜,俗称腻虫、蜜虫等。全国各地均有分布,寄主植物达 170 多种。桃蚜在芝麻上发生很普遍,夏播芝麻产区在旱年发生为害也普遍较重,同时传播病毒病。蚜虫以成虫、若虫群集为害芝麻,吸食芝麻嫩叶、嫩梢和花序的汁液温暖季节成虫活跃,主要在幼嫩叶背活动和刺吸芝麻嫩茎嫩叶,叶片受害后,首先中脉基部出现黄色斑点,逐渐扩大后造成的叶及叶片皱缩畸形,严重时干枯脱落。蕾花受害后,极易变色脱落。有时也咬断茎生长点,影响芝麻正常生长,严重时被害株后期仅剩光杆和少数畸形蒴果,造成产量大幅度降低。

【形态特征】 桃蚜头部额瘤明显,倾向内侧。无翅胎生雌蚜体形较大,全体红色、粉红色或红褐色;有翅胎生雌蚜体形较小,头及胸瘤黑色,而腹部色泽常因季节及食料不同而有浅绿、黄绿、黄褐及红褐等色。

【**生活习性**】 以卵在杂草上越冬,一般在 6 月下旬开始发生,7～8 月份为害盛期,即芝麻现蕾前后和花期为害最重。一年可发生 1～4 代,有世代重叠现象,并可传播病毒等多种病害。

【**防治方法**】 按桃蚜的生活习性,分 2 个时期进行防治。

(1)秋冬时清除杂草,消灭越冬虫源。

(2)防治越冬卵,消灭虫源:桃树是该蚜虫的主要越冬寄主,在冬初或春季往桃树上喷洒 40％乐果乳油 1500 倍液。如能做到成片大面积联防,对压低虫源有作用。

(3)药剂防治:为害初期及时喷洒 50％磷胺乳油 2000～3000 倍液,或 40％乐果乳油 1500 倍液,或 50％马拉硫磷乳油 1500 倍液,或 10％一遍净(吡虫啉)可湿性粉剂 2500～3500 倍液,或 40％氧化乐果 1000～1500 倍液,或用 2.5％敌杀死乳剂 1000 倍液,或 25％亚胺硫膦 1500～2000 倍液,或 50％辛硫磷、50％杀虫菊酯 2500～3000 倍液,或 20％蔬果磷 300 倍液喷雾,均可收到良好效果,同时,可兼治甜菜夜蛾及为害芝麻的棉铃虫。

3. 甜菜夜蛾

甜菜夜蛾又名贪夜蛾、玉米叶夜蛾,属鳞翅目、夜蛾科,其食性杂,危害广。我国芝麻产区都有发生,局部地区为害严重。常将幼苗生长点咬断,或把叶片吃成孔洞、缺刻,或将叶片全部吃光,仅剩叶脉、叶柄和落秆,影响植株正常生长。除为害芝麻外,还为害玉米、高粱、大豆、甜菜、棉花、各种蔬菜及杂草。

【**形态特征**】 成虫为小型蛾,体长 12～14 毫米,翅展 30～40 毫米。全身暗褐色,前翅中部近前缘处有黄色的环状纹和肾状纹,后翅灰白色。幼虫体长 22～27 毫米,头部淡褐色,体色变化很大,有绿色、褐色等。胴部有浅黄色背线,气门上线与下线之间有黄白色的细条纹,腹部黄绿色。

【**生活习性**】 甜菜夜蛾在湖北、河南一年发生 4～6 代,其中第 2、第 3 代发生在 6~7 月份,危害芝麻幼苗,以蛹越冬。成虫白天隐藏在土块下、土缝内、杂草丛里以及树木阴凉处,在没有月光的夜里活动最盛,有趋黑光灯的习性。幼虫常群居于叶的背面,吐丝结网,咬食叶肉。幼虫昼出夜伏,有假死性,略受震动,虫体即卷曲下落。此虫一般在 5~7 月份旱情严重的情况下易于发生。

【防治方法】

(1)除草灭虫:铲除田间和四周的杂草,减少早期虫源。

(2)诱杀:可根据成虫发生早晚,利用其趋光、喜食蜜源植物等习性,夜晚设置黑光灯诱杀成虫。用杨树枝捆扎成束喷上氧化乐果插在田间,对诱杀成虫也有一定效果。

(3)药剂防治:对 3 龄前幼虫可用 50％敌百虫乳剂 500 倍液,或喷施 50％辛硫磷乳油加 2.5％溴氰菊酯等 1000 倍液,防效较好。对 4 龄后老熟幼虫可用 90％的晶体敌百虫 500~600 倍液或菊酯类药液喷洒。

(4)人工捕捉:3 龄以上幼虫,体大易见,可用人工捕杀。

4. 芝麻天蛾

芝麻天蛾又名鬼脸天蛾、人面天蛾、灰腹天,属鳞翅目、天蛾科,各芝麻产区都有发生。幼虫食害叶部及嫩茎、嫩蒴。它的食量较大,个别年份局部地区发生严重。芝麻天蛾以幼虫食害芝麻叶片,食量很大,严重时叶片被吃光。有时也为害嫩茎和蒴果,使芝麻不能结实,对产量影响很大,个别年份局部发生较重。除危害芝麻外,有时也危害马铃薯、茄子等。

【形态特征】 成虫为大型蛾,体长 50 毫米,翅展 100~120 毫米。最显著的特征是胸部背面有人面状斑纹,可见明显 2 个眼点。腹部中央有青蓝色中背线。前翅棕黑色,翅狭长,外缘倾斜,翅基下部有黄色毛丛,翅中室有黄色小圆点。后翅黄色,有 2 条黑线。老熟幼虫体长 92~110 毫米,虫体黄绿色或紫灰色。头部色浅,单眼黑色。

【生活习性】 该虫在河南、湖北等地年生 1 代,在江西、广东、广西年生 2 代,广东以南年生 3 代;各地均以末代蛹在土下 6～10 厘米深的土室中越冬。湖北一代区成虫于 6 月上旬出现,6 月中、下旬产卵,7 月中、下旬幼虫为害盛期,8 月上旬至 9 月上旬老熟幼虫入土化蛹越冬。2 代区,第 1 代幼虫出现在 7 月中、下旬,第 2 代幼虫出现在 9 月。3 代区,7 月上旬发生数量多。幼龄幼虫晚间取食,白天栖息在叶背;老龄幼虫昼夜取食,常将叶片吃光。成虫昼伏夜出,有趋光性,受惊后,腹部环节间摩擦可吱吱发声。幼虫随龄数的增加有转株为害的习性。卵散产于寄主植物的叶面或叶背。

【防治方法】

(1)农业综合防治:加强田间管理,铲除地边和田间杂草,减少早期虫源。

(2)诱杀:可根据成虫发生早、晚,利用其趋光、喜食蜜源植物等习性,夜晚设置黑光灯诱杀成虫。用杨树枝捆扎成束喷上氧化乐果插在田间,对诱杀成虫也有一定效果。

(3)药剂防治:对早期幼虫,可喷洒 40％敌百虫乳油 2000～3000 倍液,或 40％敌百虫乳油 2000～3000 倍液,或 50％的敌敌畏乳油 1000～1500 倍液,或喷撒 5％的西维因粉,或喷施 50％辛硫磷乳油加 2.5％溴氰菊酯等 1000 倍液,或 25％灭幼脲 3 号悬浮剂 500～600 倍液,或 10％吡虫啉可湿性粉剂 1500 倍液,或 25％喹硫磷乳油 1500 倍液,均匀喷雾。

(4)人工捕捉:3 龄以上幼虫,体大易见,可人工捕杀。也可用 90％的晶体敌百虫 500～600 倍液或用氧化乐果加菊酯类药液混合喷打。

5. 盲蝽象

芝麻盲蝽象即烟草盲蝽象,多分布于河南、河北、山东、湖北等省。成虫和幼虫均能危害,通常在芝麻嫩叶背面吸取汁液。芝麻叶片受害后,先在中脉基部出现黄色斑点,逐渐扩大后使心叶变为畸形,影响芝麻正常生长,有时也直接危害花蕾,造成落蕾。

【形态特征】 成虫嫩绿色,触角淡黄色,其中第 1 节的大部分及第 2 节的基部为黑色。前翅黄灰色,半透明,有 3 个黑色斑点。足无色,其胫节基部及跗节末端呈黑色。

【生活习性】 1 年发生 3～4 代,以卵在苜蓿、蓖麻、豆类、木槿等枝内和树皮内以及附近浅层土中越冬,翌年 3～4 月,平均气温达 10℃以上,相对湿度 70%左右时开始孵化。4 月中下旬葡萄、枣树发芽后即开始上树为害。5 月下旬后,气温渐高,虫口渐少。第 2、第 3、第 4 代分别在 6 月上旬、7 月中旬和 8 月中旬出现。成虫寿命 30～40 天。飞翔力强,白天潜伏,稍受惊动迅速爬迁,不易发现。清晨和夜晚爬到芽、嫩叶及幼果上刺吸为害。盲蝽象的发生与气候条件有密切关系。卵在周围湿度 65%以上时,才能大量孵化。气温20～30℃,相对湿度 80%～90%的高湿气候,最适发生为害。高温低湿的气候条件发生为害很轻。

【防治方法】

(1)铲除杂草:冬春季铲除田间及周围杂草,消灭越冬虫源。

(2)药剂防治:在大田发生盲蝽象期间,可喷洒 40%乐果乳油 2000 倍液,或 5%辛硫磷 1000 倍液,或 20%蔬果磷300 倍液,或 4.5%氯氰菊酯 4000～5000 倍液,或 2.5%扑虱蚜 1500～2000 倍液,或 10%吡虫啉 4000～5000 倍液进行药剂防治。

6. 棉铃虫

棉铃虫俗称钻桃虫、青虫等,属鳞翅目,夜蛾科,全国芝麻种植区普遍发生。食性复杂,可以为害芝麻、棉花、玉米、高粱、小麦、水稻、番茄、菜豆、豌豆、苜蓿、向日葵、烟草、花生等 200 多种植物。

【形态特征】 成虫的体长 14～18 毫米,翅展 30～38 毫米,呈灰褐色。前翅具褐色环状纹及肾形纹,肾纹前方的前缘脉上有二褐纹,肾纹外侧为褐色宽横带,端区各脉间有黑点。后翅黄白色或淡褐色,端区褐色或黑色。幼虫共6龄,也有的5龄,老熟幼虫体长30~42毫米,体色变化很大,由淡绿、淡红至红褐乃至黑紫色,常见为绿色型及红褐色型。头部黄褐色,背线、亚背线和气门上线呈深色纵线,气门白色,腹足趾钩为双序中带。两根前胸侧毛连线与前胸气门下端相切或相交。体表布满小刺,其底座较大。卵约0.5毫米,半球形,顶部稍隆起,底部较平,初产乳白色,后变为黄白色,具纵横网格。蛹17~21毫米,纺锤形,初为绿色,渐变为黄褐色,近羽化呈黑褐色,有光泽。腹部第5~7节的背面和腹面有7~8排马蹄形刻点,臀棘钩刺2根。

【生活习性】 年生代数因地而异,华北及黄河流域年生4代,长江流域4~5代,华南6~8代,以滞育蛹在土中越冬。黄河流域越冬代成虫于4月下旬始见,第1代幼虫主要为害芝麻、小麦、豌豆、亚麻、蔬菜,其中麦田占总量70%~80%,第2代成虫始见于7月上中旬,7月中下旬盛发,主害棉花且虫量十分集中,约占总量95%。第3、第4代除为害棉花外,还为害玉米、高粱、花生、豆类、番茄等,虫量较分散,棉田内占50%~60%,第3代成虫始见于8月上中旬,发生时间长,长江流域第4代成虫始见于9月上中旬。

棉铃虫属喜温喜湿性害虫,成虫产卵适温在23℃以上,20℃以下很少产卵;幼虫发育以25~28℃和相对湿度75%~90%最为适宜。在北方尤以湿度的影响较为显著,月降雨量在100毫米以上,相对湿度70%以上时为害严重。但雨水过多造成土壤板结,则不利于幼虫入土化蛹,同时蛹的死亡率增加。此外,暴雨可冲掉棉铃虫卵,也有抑制作用。成虫需在蜜源植物上取食作补充营养。为害芝麻期间降雨次数多且雨量分布均匀易大发生。干旱地区灌水及时或水肥条件好、长势旺盛的棉田,前作是麦类或绿肥的芝麻田及玉米与芝麻邻作芝麻田,对棉铃虫发生有利。

【防治方法】

(1)因地制宜选育和种植抗虫品种。

（2）诱杀成虫

①采用杨树枝把诱蛾,在芝麻田中种植 300～500 株玉米或高粱等作物诱蛾前来产卵,集中杀灭,千方百计减少植株着卵量。

②利用黑光灯诱杀成虫。

③大面积安置高压汞灯,每亩安装 300 W 高压汞灯 1 只,灯下用大容器盛水,水面撒柴油,效果比黑光灯高几倍。

（3）加强田间管理。清除田间以及周边杂草,破环该虫生存环境;麦收后及时中耕,消灭部分一代蛹,压低虫源基数。

（4）生物防治:在棉铃虫的初孵盛期,每亩释放赤眼蜂1.5 万～2 万头,卵寄生率 70%以上,也可喷洒含每克孢子量100 亿以上的 B. t 乳剂 400 毫升,每 3 天 1 次。还可释放草蛉5000～6000 头,也可喷洒棉铃虫病毒、7216 等生物农药防治初孵幼虫,同时注意保护利用其他天敌。

（5）药物防治:要抓住卵孵化盛期至 2 龄盛期,幼虫蛀蕾前喷洒 10.8%凯撒乳油,每亩 10～15 毫升或 32.8%保棉丹乳油 80 毫升、42%特力克乳油 80 毫升、35%赛丹乳油 100～130 毫升、40%辉丰 1 号乳油每亩 50 毫升兑水 75 千克、2.5%天王星乳油 3000倍液。对抗性棉铃虫有效。注意交替轮换用药,在高温季节连续大剂量使用灭多威、辛硫磷时易产生药害,每亩喷药液量为100 升。

7. 芝麻螟

芝麻螟是芝麻的主要害虫之一。幼虫吐丝将花、叶缠绕,取食叶肉,也常钻入花心、嫩茎和蒴果内取食,可将种子吃尽,蒴果变黑脱落,植株枯黄。普遍发生于我国河南、湖北、安徽、江西等主要芝麻产区,一般减产 10%～20%,严重时达 30%,使芝麻的品质显著下降。

【形态特征】 芝麻荚螟成虫体长 7～9 毫米,淡黄褐色,近前缘处有 3 个不明显的黄褐斑,后翅有两个不明显的黑斑。卵长约

0.4 毫米,长圆形,初为乳白色,后转为淡黄至粉红色。幼虫体长 16 毫米,头部黑褐色,体色为绿、黄绿、淡灰黄和红褐色等。蛹长约 10 毫米,淡灰绿至暗绿褐色,喙和触角末端与体分离。

【生活习性】 河南、湖北芝麻产区年生 4 代,以蛹越冬。7 月下旬~11 月下旬成虫活跃,成虫有趋光性,但飞翔力不强,白天隐蔽在芝麻丛中,夜间交配产卵,卵多产在芝麻叶、茎、花、蒴果及嫩梢处,卵经 6~7 天孵化,初孵幼虫取食叶肉或钻入花心及蒴果里为害 15 天左右,老熟幼虫在蒴果中或卷叶内、茎缝间结茧化蛹,蛹期 7 天,成虫期 9 天,完成一个世代,历时 37~38 天,世代重叠。

【防治方法】

(1)冬季铲除田边和田间杂草,处理芝麻残秆等,减少虫源。

(2)合理轮作,有条件的地区进行水旱轮作。精耕细耙,减少越冬虫源。苗期及开花期灌水,提高土壤湿度。

(3)利用黑光灯诱杀成虫。

(4)药物防治

①熏蒸:8 月上旬成虫盛发期,用 80% 敌敌畏 100~150 克拌锯末和麦糠 4 千克,每亩放 40 堆,均匀堆在芝麻棵下,一般可维持药效 8~10 天。

②喷雾:成虫盛发期后 7~10 天,为幼虫孵化盛期,此时喷药防治效果最佳。每亩用 2.5% 敌杀死乳油 30~40 毫升;20% 速灭杀丁乳油 20~30 毫升;或用 50 杀螟松乳油 25~30 毫升,兑水 50 千克,稀释均匀喷雾。

③喷粉:在幼虫孵化盛期,用 1.5% 乐果粉剂;2.5% 敌百虫粉剂;2% 杀螟松粉剂,每亩 1.5~2 千克,用喷粉器均匀喷洒。

8. 蝼蛄

蝼蛄俗称拉拉蛄、土狗子等,其食性杂,以成虫和若虫在土中咬食刚播下的种子(尤其是刚发芽的种子),也咬食幼根和嫩茎,造成芝麻缺苗断垄。并在表土层穿行时,形成很多隧道,致使种子不能发芽或幼苗失水枯死。蝼蛄除为害芝麻外,还为害小麦、玉米、高粱、芝麻、薯类及各种蔬菜等。

【形态特征】 蝼蛄成虫体黄褐色,全身有黄褐色细毛,头顶有一对触角。卵圆形。若虫形态近似成虫。初孵若虫无翅。

【生活习性】 蝼蛄以成虫和若虫取食危害,并在土壤内作土室越冬。待 20 厘米地温达到 8℃时开始活动;在土壤温度为 15.2~19.9℃、气温 12.5~19.9℃、土壤含水量 20% 以上时最适宜蝼蛄的活动;温度在 26℃ 以上时,转入土壤深层基本不再活动。因此,蝼蛄以春季和秋季危害严重。华北蝼蛄多生活在轻碱土壤内,产卵于 15~30 厘米深的土壤卵室内,一头雌虫可产卵 80~800 粒。非洲蝼蛄多生活在沿河或渠道附近,在 5~20 厘米深土壤中作长椭圆形的卵室产卵,每头雌虫可产卵 60~80 粒,产卵后离开卵室,卵室口常用杂草堵塞,以利隐蔽、通气和卵孵化后若虫外出。

两种蝼蛄成虫的趋光性比较强,夜间活动最盛,对香甜物质、马粪、牛粪等未腐熟有机质具有趋性。

【防治方法】

(1)农业防治:合理轮作,深耕细耙,可降低虫口数量。合理施肥,不使用未腐熟的厩肥,防草治虫,可以消灭部分虫卵和早春杂草寄主。

(2)诱杀成虫:用利用黑光灯、糖、酒、醋诱蛾液,加硫酸烟碱或苦楝子发酵液,或用杨树枝把或泡桐叶,诱杀成虫。

(3)诱杀、捕捉幼虫:在芝麻幼苗出土以前,可采集新鲜杂草或泡桐叶于傍晚时堆放在地上,诱出已入土的幼虫消灭之,对于高龄幼虫,可在每天早晨到田间,扒开新被害芝麻周围的土,捕捉幼虫杀死。

(4)毒饵诱杀:把麦麸或磨碎的豆饼、豆渣炒香后,用 90% 敌百虫晶体、40% 氧化乐果,亩施毒饵 2.0~2.5 千克,在黄昏时将毒饵均匀撒在地面上,于播种后或幼苗出土后撒施。

(5)药剂防治:3龄以前用2.5％的敌百虫粉喷洒,亩用药量2～2.5千克。也可喷洒90％敌百虫或50％地亚农1000倍液。如防治失时,可用50％地亚农或50％辛硫磷乳剂亩用药量0.2～0.25千克,加水500～7500千克顺垄灌根。

9. 金针虫

为害芝麻的金针虫有沟金针虫、细胸金针虫和褐纹金针虫三种,它主要以幼虫为害较重,能咬食刚播下的芝麻种子,食害胚乳使之不能出苗;已出苗可为害须根、主根和茎的地下部分,致使芝麻幼苗枯萎甚至死亡,同时因根部受伤,常引起芝麻病原菌的侵入而引起腐烂。

【形态特征】 雌成虫体长为16～17毫米,体宽为4～5毫米,为浓栗色,体表密生金黄色细毛;鞘翅长约为前胸的4倍,后翅退化。雄成虫体长为14～18毫米,体宽为3.5毫米;鞘翅长约为前胸的5倍,后翅发达能飞。卵为椭圆形,长宽约为0.7毫米×0.6毫米,乳白色。老熟幼虫体长为20～30毫米,体节宽大于长,体宽而略扁平,金黄色,被金黄色细毛;头扁平,头前部及口器暗褐色;体每节背正中有一细纵沟,尾节黄褐色,端部分2叉,末端稍向上弯,叉内各有1个小齿;足3对大小相等。蛹为长纺锤形,黄色至褐色,雌蛹体长为16～22毫米;雄桶体长为15～19毫米。

【生活习性】 沟金针虫在北方一般3年发生一代,少数4年发生一代,在华北地区2～3年完成一代。以幼虫或成虫在土壤内越冬,翌年春季10厘米地温达到9～11℃时,成虫出土开始活动,夜间交配产卵,每头雌虫可产卵200多粒,卵期为35天左右。越冬幼虫在10厘米地温达到7℃时,开始向土表层活动,以15～17℃为最适宜。一般以越冬幼虫在春季危害最严重,夏季地温升到21～26℃时,幼虫又转向深层土壤内,到秋季地温适宜时再上升活动危害。卵多产在3～6厘米深的土层内。幼虫期可达1150

多天,蛹期为 20 多天,羽化后的成虫不出土即越冬。

在土壤含水量 20% 左右时最适宜,过高或过低均不适宜幼虫活动。

【防治方法】

(1)与水稻轮作;或者在金针虫活动盛期常灌水,可抑制危害。种植前要深耕多耙,收获后及时深翻;夏季翻耕暴晒。

(2)定植前土壤处理,可用 48% 地蛆灵乳油每亩 200 毫升,拌细土 10 千克撒在种植沟内,也可将农药与农家肥拌匀施入。

(3)生长期发生沟金针虫,可在苗间挖小穴,将颗粒剂或毒土点入穴中立即覆盖,土壤干时也可将 48% 地蛆灵乳油 2000 倍,开沟或挖穴点浇。

(4)药剂拌种:用 50% 辛硫磷、48% 乐斯本或 48% 天达毒死蜱、48% 地蛆灵拌种,比例为药剂∶水∶种子=1∶(30~40)∶(400~500)。

(5)施用毒土:用 48% 地蛆灵乳油每亩 200~250 克,50% 辛硫磷乳油每亩 200~250 克,加水 10 倍,喷于 25~30 千克细土上拌匀成毒土,顺垄条施,随即浅锄;用 5% 甲基毒死蜱颗粒剂每亩 2~3 千克拌细土 25~30 千克成毒土,或用 5% 甲基毒死蜱颗粒剂、5% 辛硫磷颗粒剂每亩 2.5~3 千克处理土壤。

10. 短额负蝗

成虫及若虫食叶,影响作物生长发育,降低农作物商品价值。

【形态特征】 雌成虫体长 31~33 毫米,前翅长 27~29 毫米。体淡绿或褐色(冬型成虫),有淡黄色瘤突。头尖,颜面斜度大,与头形成锐角;颜面中间有纵沟;触角剑形,雌性者短于雄性。前翅超过后足腿节端部的长度;后翅略短于前翅,基部呈玫瑰色。

【生活习性】 我国东部地区发生居多。在华北一年1代,江西年生 2 代,以卵在沟边土中越冬。5 月下旬至 6 月中旬为孵化盛期,7~8 月羽化为成虫。喜栖于地被多、湿度大、双子叶植物茂密的环境,在灌渠两侧发生多。

【防治方法】

(1)农业防治:短额负蝗发生严重地区,在秋、春季铲除田埂、地边5厘米以上的土及杂草,把卵块暴露在地面晒干或冻死,也可重新加厚地埂,增加盖土厚度,使孵化后的蝗蝻不能出土。

(2)药物防治:可选用的农药有5%高效氯氰菊酯乳油1000~2000倍液,20%丁硫克百威乳油1000倍液等。

11.蟋蟀

蟋蟀主要在芝麻中后期啃咬提前成熟或病死株蒴果,啃咬正常植株地面处的表皮,切断植株输送通道,有的严重地块20%左右植株因蟋蟀啃咬基部而缺水和断养死亡。

【形态特征】 雄性体长22~24毫米,雌性体长23~25毫米,体黑褐色大型,头顶黑色,复眼四周、面部橙黄色,从头背观两复眼内方的橙黄纹"八"字形。前胸背板黑褐色,1对羊角形深褐色斑纹隐约可见,侧片背半部深色,前下角橙黄色;中胸腹板后缘中央具小切口。雄前翅黑褐色具油光,长达尾端,发音镜近长方形,前缘脉近直线略弯,镜内1弧形横脉把镜室一分为二,端网区有数条纵脉与小横脉相间成小室。4条斜脉,前2条短小,亚前缘脉具6条分枝。后翅发达如长尾盖满腹端。后足胫节背方具5~6对长刺,6个端距,财节3节,基节长于端节和中节,基节末端有长距1对,内距长。雌前翅长达腹端,后翅发达伸出腹端如长尾。产卵管长于后足股节。

【生活习性】 1年发生1代,以卵在土中越冬,翌年4~5月孵化为若虫,经6次脱皮,于5月下旬~8月陆续羽化为成虫,9~10月进入交配产卵期,交尾后2~6日产卵,卵散产在杂草丛、田埂或坟地,深2厘米,雌虫共产卵34~114粒,成虫和若虫昼间隐蔽,夜间活动,觅食、交尾。成虫有趋光性。

【防治方法】

(1)毒饵诱杀:苗期每亩用 50％辛硫磷乳油 25～40 毫升,拌30～40 千克炒香的麦麸或豆饼或棉籽饼,拌时要适当加水,然后撒施于田间。也可用 50％辛硫磷乳油 50～60 毫升,拌细土 75 千克,撒入田中,杀虫效果 90％以上。施药时要从田四周开始,向中间推进效果好。

(2)灯光诱杀成虫。

12. 红蜘蛛

红蜘蛛俗称"火龙",体形微小。常群集芝麻叶背面吸食叶内汁液;发生重时,叶片卷缩干枯,生长停滞,产量减少。

【形态特征】 红蜘蛛一般有四种形态,卵圆球形,无色透明;若螨体态及体色似成螨,但个体小,有 4 对足;幼螨近圆形,暗绿色,眼红色,有 3 对足;成螨成雌螨体长 0.42～0.52 毫米,雄螨体长 0.26 毫米左右,为红褐色,无爪,有4 对足。

【生活习性】 红蜘蛛每年的发生代数,因气候条件而异。它活动的最适温度为 25～35℃;最适相对湿度为 35％～55％。高温干燥,是该螨猖獗为害的主要条件,而不同的耕作制度则影响它的发生数量。比如前茬作物为豆类、谷子、玉米和棉花等,其虫口的越冬基数就大,翌年的发生情况也就比较严重。在北方,1 年发生10 代以上。繁殖方式主要为两性繁殖,每只雌成螨平均日产卵6～8 粒。

【防治方法】

(1)清洁田园:在早春杂草萌发之际,喷洒除草剂灭除田间地边的杂草。芝麻收获后,应及时清除田间的残枝败叶及杂草,深埋或烧掉。

(2)用 1.8％农克螨乳油 2000 倍液,或 20％灭扫利乳油 2000倍液,或 20％螨克乳油 2000 倍液,或 20％双甲脒乳油 1000～15000 倍液喷雾,7～10 天 1 次,连续防治 2～3 次。

13. 蛴螬

蛴螬是金龟甲的幼虫,别名白土蚕、核桃虫。成虫通称为金龟甲或金龟子,蛴螬咬食芝麻幼苗嫩茎,当植株枯黄而死时,它又转移到别的植株继续危害。即使幼苗未死,也会因蛴螬造成的伤口诱发其他病害。

【形态特征】 蛴螬体肥大,体型弯曲呈"C"型,多为白色,少数为黄白色。头部褐色,上颚显著,腹部肿胀。体壁较柔软多皱,体表疏生细毛。头大而圆,多为黄褐色,生有左右对称的刚毛,刚毛数量的多少常为分种的特征。

【生活习性】 蛴螬一到两年1代,幼虫和成虫在土中越冬,成虫即金龟子,白天藏在土中,晚上20~21时进行取食等活动。蛴螬有假死和负趋光性,并对未腐熟的粪肥有趋性。成虫交配后10~15天产卵,产在松软湿润的土壤内,以水浇地最多,每头雌虫可产卵100粒左右。白天藏在土中,晚上20~21时进行取食等活动。幼虫蛴螬始终在地下活动,与土壤温湿度关系密切。当10厘米土温达5℃时开始上升土表,13~18℃时活动最盛,23℃以上则往深土中移动,至秋季土温下降到其活动适宜范围时,再移向土壤上层。因此蛴螬对果园苗圃、幼苗及其他作物的为害主要是春秋两季最重。土壤潮湿活动加强,尤其是连续阴雨天气,春、秋季在表土层活动,夏季时多在清晨和夜间到表土层。

【防治方法】

(1)农业防治:实行水、旱轮作;不施未腐熟的有机肥料;精耕细作,及时镇压土壤,清除田间杂草;大面积春、秋耕,并跟犁拾虫等。发生严重的地区,秋冬翻地可把越冬幼虫翻到地表使其风干、冻死或被天敌捕食,机械杀伤,防效明显;同时,应防止使用未腐熟有机肥料,以防止招引成虫来产卵。有条件地区,可设置黑光灯诱杀成虫,减少蛴螬的发生数量。

(2)药剂处理土壤:用50%辛硫磷乳油每亩200~250克,加水 10 倍喷于 25～30 千克细土上拌匀制成毒土,顺垄条施,随即浅锄,或将该毒土撒于种沟或地面,随即耕翻或混入厩肥中施用;用2%甲基异柳磷粉每亩 2～3 千克拌细土 25～30 千克制成毒土;用3%甲基异柳磷颗粒剂、3%呋哺丹颗粒剂、5%辛硫磷颗粒剂或5%地亚农颗粒剂,每亩 2.5～3 千克处理土壤。

(3)毒饵诱杀:每亩地用 25%对硫磷或辛硫磷胶囊剂150～200 克拌谷子等饵料 5 千克,或 50%对硫磷、50%辛硫磷乳油50～100 克拌饵料 3～4 千克,撒于种沟中,亦可收到良好防治效果。

三、芝麻缺素症

芝麻缺素症属于非寄生性病害,当土壤中缺乏某一种元素,或其含量不足时,芝麻就会出现生长发育不正常的症状。在植物体内相当难于运转的元素缺乏,缺素症易先出现在幼叶上。相反,易于运转的元素,如氮、磷、钾、镁的缺素症则先发生于较老的叶。

1. 缺氮

【症状】 芝麻缺氮时,植株矮小、瘦弱、直立,叶片呈浅绿或黄绿。失绿叶片色泽均一,一般不出现斑点或花斑,叶细而直。缺氮症状从下而上扩展,严重时下部叶片枯黄早落;根量少,细长;侧芽休眠,花和果实量少,种子小而不充实,成熟提早,产量下降。

【治疗】 每亩可以用 1%～2%的尿素溶液 50 千克喷施,或追施尿素 10 千克。

2. 缺磷

【症状】 芝麻缺磷时,生长缓慢、矮小瘦弱、直立、分枝少,叶小易脱落,色泽一般,呈暗绿或灰绿色,叶缘及叶柄常出现紫红色。根系发育不良,成熟延迟,产量和品质降低。缺磷症状一般先从茎基部老叶开始,逐渐向上发展。

【治疗】 每亩可以用过磷酸钙 1～2 千克,加入少量的水浸泡24 小时,滤出清液,加水 50 千克喷施。

3. 缺钾

【症状】 芝麻缺钾通常是老叶和叶缘发黄,进而变褐,焦枯似灼烧状。叶片上出现褐色斑点或斑块,但叶中部、叶脉和近叶脉处仍为绿色。随着缺钾程度的加剧,整个叶片变为红棕色或干枯状,坏死脱落。根系短而少,易早衰,严重时腐烂,易倒伏。

【治疗】 每亩可以用磷酸二氢钾 100～150 克,加水 50 千克或用氯化钾或硫酸钾 1 千克,加水 50 千克进行喷施。

4. 缺镁

【症状】 芝麻缺镁,叶片通常失绿,始于叶尖和叶缘的脉间色泽变淡,由淡绿变黄再变紫,随后向叶基部和中央扩展,但叶脉仍保持绿色,在叶片上形成清晰的网状脉纹。严重时叶片枯萎、脱落。

【治疗】 每亩叶面喷施 1%～2%的硫酸镁溶液。

5. 缺硫

【症状】 芝麻缺硫,全株体色褪淡,呈淡绿或黄绿色,叶脉和叶肉失绿,叶色浅,幼叶较老叶明显。植株矮小,叶细小,向上卷曲,变硬、易碎,提早脱落。茎生长受阻,开花迟,结荚少。

【治疗】 每亩叶面喷施硫胺 2 千克。

6. 缺钙

【症状】 叶片出现端部坏死,顶端和幼叶部分扭曲,幼叶的端部下卷为钩状,进而扭曲,皱褶等症状。

【治疗】 每亩叶面需喷洒 0.3%的氯化钙水溶液。

7. 缺硼

【症状】 幼苗期上部叶片呈现黄白色,严重时出现枯斑,下部叶片增厚,向外转曲,顶端生长受阻,植株矮小等症状。开花结荚期表现为上部叶片小,呈白色,花小、荚小,荚尖有明显枯斑等症状。

【治疗】 叶面喷硼的方法简便易行,而且投资少,效益高。目前用得较多的是硼砂和硼酸,一般情况下,可于蕾期和花期各喷一次,高肥田块只需在花期喷一次。施用浓度以 0.2%～0.4% 硼肥溶液为宜,即每 50 千克水兑硼肥 100～200 克,每次亩用肥液 50 千克左右。要求溶解充分,随配随用,不要放置过夜。喷施时应选择在晴天上午 10 时前或下午 4 时后喷施,尽可能避开强烈阳光照射以防蒸发损失,也可防雨水淋失。万一喷后 6 小时内遇到下雨,等雨住后还应补喷 1 次。

第三节 芝麻田草害的控制

芝麻田杂草种类较多,各种植区的主要杂草种类因各地气候条件和栽培制度不同而异。春芝麻产区主要杂草有马唐、牛筋草、野燕麦、狗尾草、马齿苋、藜、反枝苋、田旋花、卷茎蓼、本氏蓼、问荆、酸模叶蓼、苣荬菜、刺儿菜等。夏芝麻产区主要杂草有马唐、稗、千金子、牛筋草、双穗雀稗、鳢肠、空心莲子草、田旋花、刺儿菜等。秋芝麻产区主要杂草有马唐、牛筋草、稗草、千金子、画眉草、粟米草、胜红蓟、草龙、白花蛇舌草、竹节草、两耳草、铺地锦、凹头苋、臂形草、莲子草、碎米莎草等。

1. 芝麻田杂草的危害

芝麻 6 月上、中旬播种时,正值高温多雨,杂草萌发快,生长迅速,一旦遇到连续阴雨天气极易造成草荒;加上芝麻籽粒小,幼苗期生长缓慢,芝麻因竞争不过杂草而引起严重草害,导致减产,严重者导致绝收。若控制了苗期杂草,到 7 月中、下旬后,芝麻进行快速生长期,植株长高,对下面的杂草有很强的遮盖和控制作用,杂草就不易造成明显的影响。因此,芝麻化学除草的关键是要一个"早"字,必须在杂草萌发时或 4 叶期以前将其杀死,才能避免杂草可能造成的危害。

2. 农业防除法

(1)轮作换茬:芝麻与水稻隔年或隔 2 年轮作;旱作区与非豆科作物如红薯、小麦、玉米等轮作,也可减轻草害。

(2)深翻整地:深翻可以将表土层及种子翻入 20 厘米以下,抑制出草。

(3)适期播种、合理密植:在杂草自然萌发期适期播种,消灭部分已萌发的杂草幼苗。同时依栽培方式和收获目标的不同,进行相应的合理密植,创造一个有利于芝麻生长发育而不利于杂草生存的环境。

(4)覆草(或地膜):地膜芝麻栽培,可使增温保墒和除草及环保有机结合起来。

3. 化学防除法

芝麻使用化学除草剂防除杂草,要抓好播种前、播后芽前和苗后早期的化学除草工作。由于芝麻籽粒小、播种浅,很多封闭除草剂对芝麻有药害,因此,生产上要严格掌握使用剂量和使用方法。

(1)播前土壤处理:在芝麻播种前,每亩可以使用 48％氟乐灵乳油 100~120 毫升,黏质土及有机质含量高的田块每亩用 120~175 毫升,或用 48％地乐胺乳油每亩 100~120 毫升,黏质土及有机质含量高的田块每亩用 150~200 毫升,加水 40~50 千克配成药液均匀喷雾土表,施药后应立即耙地浅混土 3~5 厘米深,干旱时要镇压保墒。

氟乐灵和地乐胺,一次施药可基本控制芝麻田一年生杂草,如马唐、牛筋草、狗尾草、稗草、千金子、早熟禾、雀麦、画眉草、雀舌草、藜、苋、粟米草、繁缕、地肤、马齿苋等。但封闭除草剂主要靠位差选择性以保证芝麻的生长,因此,施药时要注意天气预报,如有降雨、降温等田间持续低温或高温情况,也易发生药害,所以芝麻田除草剂要严格掌握使用剂量。

(2)播后苗前防治:在芝麻播种后 3 天内芽前土壤处理选用播

后芽前土壤处理剂。在施药后 50 天内不宜进行中耕松土,以免破坏药层而影响除草效果。

33％二甲戊乐灵乳油,每亩 100～150 毫升,兑水 40 千克均匀喷施,可以有效防治多种一年生禾本科杂草和藜、苋、苘麻阔叶杂草,对马齿苋和铁苋也有一定的防治效果。施药时要严格掌握使用剂量和使用方法。

20％萘丙酰草胺乳油每亩 250～300 毫升、50％乙草胺乳油每亩 100～120 毫升、72％异丙甲草胺乳油每亩 120～150 毫升、72％异丙草胺乳油每亩 120～150 毫升、20％百草枯水剂每亩 0.2～0.3 千克、72％都尔乳油每亩 93～130 毫升(壤土用量为每亩130～195 毫升,黏土每亩用量 185～220 毫升)、48％拉索乳油每亩 150～250 毫升(黏质土壤每亩用量 250～300 毫升)、50％乙草胺乳油 100～150 毫升,兑水 40～60 千克,全田均匀喷雾,可有效防除多种一年生禾本科杂草和部分一年生阔叶杂草。药量过大、田间过湿,特别是遇到持续低温多雨条件下芝麻苗可能会出现暂时的矮化现象,一段时间后多能恢复正常生长,但严重时,会出现死苗现象。

对于一些长期施用除草剂的芝麻田,田间铁苋、马齿苋等阔叶杂草较多,可以用 33％二甲戊乐灵乳油每亩 75～100 毫升、20％萘丙酰草胺乳油每亩 150～200 毫升、50％乙草胺乳油每亩 50～75 毫升、72％异丙甲草胺乳油每亩 120～150 毫升中的一种加上25％绿麦隆可湿性粉剂每亩 50～75 克或敌草隆可湿性粉剂每亩50～75 克,兑水 40 克均匀喷施,可以有效防治多种一年生禾本科杂草和阔叶杂草。因为该方法大大降低了单一药剂的使用量,所以对芝麻的安全性也大大提高。生产中应均匀喷药,不宜随便改动配比,否则易发生药害。

(3)生长期杂草防治:对于苗前未能采取有效的杂草防治措施,在苗后应及时进行化学除草。施用时期宜在芝麻封行前、杂草

3～5叶期,用5％精喹禾灵乳油每亩50～75毫升、10.5％高效吡氟氯禾乳油每亩40毫升、35％吡氟禾草灵乳没或15％精吡氟禾草灵乳油每亩50～75毫升、12.5％稀禾定乳剂每亩50～75毫升、10.8％高效盖草能每亩25～30毫升、12.5％乳油每亩40～50毫升、12％收乐通乳油35～40毫升,兑水25～30毫升配成药液喷于杂草茎叶。并要注意保持田间湿润,在施药后20天内不宜进行中耕松土。可防治禾本科杂草,对阔叶杂草基本无效。

(4)使用化学除草剂的注意事项

①施药时注意风速、风向,不要使药液飘移到小麦、玉米、水稻等禾本科作物田,以免造成药害。

②除草剂的保存年限和保存方法会影响到防除效果。除草剂在室温下可以保存2～3年。原装乳油一般3～4年不会失效;粉剂或分装过的乳油最好在2年内用完。每次用过后要盖紧瓶盖并包扎塑料薄膜,防止药液挥发。

第五章 芝麻的采收与贮藏

第一节 芝麻的收获

我国国土面积大,南北纬度跨度大,不同产区,不同的播种时间,导致芝麻成熟收获时间也不一致。收获过早,籽粒不饱满,晒干后皱缩,且秕粒多,不利于安全贮藏,产量低,含油量少。收获过迟,蒴果宜开裂,落粒严重,损失大。因此,应根据不同品种特性和各种植区的具体条件来决定,一般以完熟期收获为宜。一般春芝麻在8月中、下旬成熟,夏播芝麻在9月上旬可以收获,秋芝麻则于9月下旬成熟。同一产区芝麻成熟收获时间还与施肥量、种植密度、品种特征特性等有关。一般施量少、施肥时间早的地块芝麻成熟早,反之则迟;密植比稀植成熟早;早熟品种成熟早。另外,对遭受病害或旱涝灾害影响而提前枯熟的植株,应分片、分棵及早收获。

1. 留种

芝麻留种主要是在田间进行。选种标准是植株健壮无病,性状一致,成熟整齐,结蒴部位低,蒴果紧密长大,抗病力强等丰产性状。选株后进行单割、单打,并去掉上部和下部的蒴果。分枝型品种留主茎上的蒴果,而后单晒、单打,以第一次打下的籽粒作种用。

2. 收获

芝麻籽粒成熟不一致,但未成熟的蒴果在植株上能很好地进行后熟作用。若等全株成熟才收割,则下部蒴果早已开裂,籽粒散失,丰产不能丰收。一般芝麻成熟的标志是植株由浓绿变为黄色或黄绿色,全株叶片除顶梢部外几乎全部脱落,下部蒴果籽粒充分成熟,种皮均呈现品种固有色泽,中部蒴果灌浆饱满,上部蒴果籽粒进入乳熟后期,下部有 2～3 个蒴果轻微炸裂为适宜的收获期(即芝麻终花后 20 天左右逐渐成熟,或打顶后 25 天左右成熟)。

芝麻成熟后,应该趁早晚收获,避开中午高温阳光强烈照射,要轻割、轻放、轻捆、轻运,以减少落粒损失。目前,我国芝麻主产区的芝麻收获方法,绝大多数采用人工镰刀割刈法,个别零星产区也有用手拔的。但手拔不仅效率低,且根部带有泥土,脱粒时籽粒容易混入碎土,最好不采用。收获部分提前裂蒴植株时,必须携带布单、塑料布或其他相应物品,以便随收割收集裂蒴的籽粒,以减少落籽损失。镰刀刈割一般在近地面 3～7 厘米处斜向上割断,这样有利于植株的养分继续向籽粒转移,以促进后熟,增进籽粒饱满度,而且能减少泥土混入,较省工、干燥快。

3. 晾晒、脱粒

割取的植株束成小捆,以 20 厘米直径的小束(约 30 株左右)为宜,于田间或场院内,每 3～4 束支架成棚架,各架互相套架成长条排列,以利暴晒和通风干燥。

当大部分蒴果裂开时进行第 1 次脱粒,脱粒前要铺放布单或塑料布,以减少泥土混入。脱粒时倒提小束,两束相撞击,或用木棍敲击茎秆,使籽粒脱落,然后放回原处,如此进行 3～4 次后,再将芝麻束捆头朝上垂直向硬地上猛蹾,再倒提茎秆敲击茎秆,使剩余籽粒借反弹作用从蒴壳中脱出,此次之后基本上可脱净。收割面积大或其他原因提前收割,可在脱粒前"闷堆",对籽粒进行后熟处理。一般堆放 2～4 天,手伸入堆内感到发热时,立即散堆暴晒,进行脱粒 2～3 次就可把籽粒脱净。闷堆时应考虑散堆方便,堆存位置安排适当,以防风雨袭击,雨后立即散堆暴晒,脱粒后进行晒种,风扬去杂,以防杂物吸潮,增加籽粒含水量,防高温,高湿引起籽粒发霉变质,致使造成贮藏时霉损和虫蚀。

4. 干燥除杂

脱粒后继续晾晒,应先将晒场晒热后,再铺晒芝麻籽粒。这是因为芝麻籽粒颗粒光滑而细小,有效面积大,如晒场未预热而进行晾晒,会造成芝麻籽粒堆表层和底层吸热散湿不均衡,贮藏时容易发生变质。晾晒时,应薄摊、勤翻,并进行风选、筛选严格去杂。使其含水量在 7% 以下,净度达 99% 以上。

晾晒后的芝麻籽粒,必须摊晾充分降温后,再入库贮藏。以防其籽粒堆内温度过高,余热长期不散,而引起不良变化。

第二节 芝麻的贮藏及管理

芝麻籽粒含有大量的脂肪,贮藏稳定性差,稍有疏忽,就会影响籽粒的质量。所以,在贮藏时,除按一般籽粒贮藏保管方法严格执行外,采取相应的综合贮藏措施,才能达到安全贮藏的目的。

1. 芝麻籽粒的贮藏特点

(1)芝麻籽粒的本身特性:贮藏特点是其本身的形态特征、内部构造及所含化学成分决定的。

①芝麻籽粒堆通透性差:因为其籽粒籽粒细小,千粒重一般为 2.5~3.5 克,其形态呈平椭圆形,顶端稍尖,籽粒之间空隙度小。再加上其籽粒堆含杂质较多其中细小尘土约占总杂质的 80% 左右。所以,籽粒堆通风换气阻力大,通透性较差。

②芝麻籽粒易吸湿返潮:因为其种皮脆薄,子叶细嫩,籽粒细小,表面积大,胚大,并含有较多的脂肪(一般含量为 46%~63%)及丰富的蛋白质等吸水力较强的亲水胶体。再加上其籽粒堆含杂质较多,细小尘土较多,所以,造成芝麻籽粒易吸湿返潮。

③芝麻籽粒易发热霉变:因为其籽粒含脂肪较多,易吸湿返潮,而其籽粒堆通透性差,籽粒堆内部湿热不易散发。籽粒堆含杂

质较多、其中细小尘土约占总杂质 80%，不但易吸湿返潮，影响籽粒堆通透性，而且带病菌较多，所以造成芝麻籽粒易发热霉变。

（2）其他因素：芝麻籽粒发生质变除与其形态特征、内部构造及所含化学成分有关外，还与温度、水分及所含杂质等因素有关。

①由于籽粒在贮藏前未充分干燥，其含水量在 7.5% 以上或在贮藏期间籽粒吸湿返潮，而促使其呼吸增强，籽粒的后熟作用也会加快呼吸。而呼吸所排除的水分和热量，又促进了呼吸加快。但由于其籽粒堆空隙度小，透性差，促进温度上升，水分增加使籽粒内含物遭破坏而发热霉变。是由于其籽粒堆含杂质较多，不仅造成通气不良，防碍降温散湿，还有利微生物繁殖，而破坏籽粒的内含物，并且会由于微生物分泌的产物，引起籽粒发热霉变。总之，温度愈高，水分愈大杂质愈多，籽粒发热霉变愈快愈严重。

②芝麻籽粒发热霉变：粒表面开始湿润，散落性降低，粒色鲜艳，然后开始发热，如及时晾晒通风一般不会影响籽粒质量。否则种温继续升高，种皮颜色加深，种胚发红，而后种胚出现灰白色菌丝，并逐渐扩展，加深颜色，直至变成墨绿色，有霉味，籽粒呈黄褐，出油率下降，失去生命力。如不及时处理，继续发展下去，温度仍能升高，芝麻逐渐结块成团，直至腐烂。

2. 芝麻籽粒的贮藏

任何烟熏和热气都对籽粒的安全贮藏构成威胁，所以不能把灶房、粉房、豆腐房等作为贮藏场所。已生虫的陈芝麻不要和新收获芝麻同仓存放，以免交叉感染。

籽粒入库前将库房清扫干净，用 10% 石灰水消毒，进行通风去潮，堵塞鼠洞，喷洒高效低毒杀虫药将仓内所藏病虫全部杀死。然后在库房地面上铺设距地面 50 厘米左右的铺垫物，以便籽粒放在垫物之上，使其不与地面接触。

3. 贮藏方法

芝麻籽粒贮藏方法可分包装、囤装和罐装 3 种。包装采用化纤品或塑料薄膜双层粘合的特制防潮袋,既可以控制温、湿度,又便于运输;囤装要在囤的上下或周围内侧加塑料薄膜密封层,囤必须设置内径30厘米左右竹编散热筒,并用塑料薄膜镶好外径;罐装多为留种使用,可以防湿、防鼠、不生虫、不霉变,贮藏效果较好。

4. 贮藏管理

入库后,要经常检查堆中的温度变化,一般只要籽粒干燥,防潮措施严密,籽粒处在密闭之下,既防潮又与外界隔绝,籽粒温度变化不会太大。这是由于籽粒的呼吸作用会逐渐耗尽籽粒堆中的氧气,使二氧化碳增多。籽粒的呼吸作用减弱,这样就可以减少籽粒中物质的消耗,同时可抑制好气性的霉菌和害虫,减轻危害,保存籽粒的品质。在冬季低温情况下,应打开仓库进行通风,使籽粒温度降低,并有效地消灭害虫和抑制病菌。

发生鼠害时,首先要彻底堵塞鼠洞及老鼠进入的通道,然后投放毒饵诱杀。

发生害虫时,可采取以下方法进行处理:

(1)防虫磷拌粮法:防虫磷是一种高效、低毒、低残留的优质贮粮防护剂,按1∶100的比例把药液拌入麦糠(或锯木屑)中,然后拌入芝麻中,能起到防虫和治虫的作用。

(2)植物杀虫剂防虫法:在芝麻中拌入苦楝子、花椒、柑橘皮、菖蒲、辣蓼草、大蒜等杀灭害虫。

(3)物理机械防治法:把已生虫的芝麻搬到烈日下暴晒,高温杀虫;在寒冷天气(0℃以下)把生虫芝麻搬至仓外摊开,冷冻杀虫;将生虫芝麻过风车或过筛剔除害虫及虫卵。

第六章　黑芝麻的加工与利用

　　目前,国内芝麻加工企业仍以个体小作坊为主,规模企业较少,部分企业以外购分装为主,研发力量薄弱。在芝麻原料精选、芝麻油、芝麻酱等加工方面,基本上沿用传统工艺。

第一节　黑芝麻的初加工

一、黑芝麻油的加工

　　芝麻油(或称麻油、香油)是以芝麻为原料提炼制作的食用油,是小磨香油和机制香油的统称。纯芝麻油气味浓香,常呈淡红色或红中带黄,是日常生活中不可缺少的调料之一。根据加工制作工艺的不同,分为小磨香油、机制香油两类。

　　(一)小磨香油

　　小磨香油或称小磨麻油、香麻油,以水代法(水代法是从油料中以水代油而得脂肪的方法。不用压力榨出,不用溶剂提出。依靠在一定条件下,水与蛋白质的亲和力比油与蛋白质的亲和力为大,因而水分浸入油料而代出油脂)加工制取,气味浓郁、香味独特,为首选调味油;多用于作坊式生产,常现场加工、直接销售或通过集市销售。

1. 工艺流程

芝麻→筛选→漂洗→炒子→扬烟→吹净→磨酱→兑水搅油→振荡分油→小磨香油、麻渣。

2. 操作要点

(1)筛选:清除芝麻中的杂质,如泥土、砂石、铁屑等杂质及杂草子和不成熟芝麻粒等。筛选愈干净愈好。

(2)漂洗:用水清除芝麻中的泥、微小的杂质和灰尘。将芝麻漂洗浸泡1～2小时,然后将芝麻沥干水分(芝麻经漂洗浸泡,水分渗透到细胞内部,使凝胶体膨胀起来,再经加热炒制,就可使细胞破裂,原油流出)。

(3)炒芝麻:采用直接火炒。开始用大火,此时芝麻含水量大,不会焦糊;炒至20分钟左右,芝麻外表鼓起来,改用文火炒,用人力或机械搅拌,使芝麻熟得均匀。炒熟后,往锅内泼炒芝麻量3%左右的冷水,再炒1分钟,芝麻出烟后出锅(泼水的作用是使温度突然下降,让芝麻组织酥散,有利于研磨)。炒好的芝麻用手捻即出油,呈咖啡色,牙咬芝麻有酥脆均匀、生熟一致的感觉。

这里值得一提的是,小磨香油的芝麻要火大一些,炒得焦一点。炒子的作用主要是使蛋白质变性,以利于油脂浸出。芝麻炒到接近200℃时,蛋白质基本完全变性,中性油脂含量最高,超过200℃,烧焦后部分中性油脂溢出,油脂含量降低。此外,在兑水搅油时,焦皮可能吸收部分中性油,所以,芝麻炒得过老则出油率降低。高温炒后制出的油,能保留住浓郁的香味,这是水代法取油工艺的主要特点之一。

(4)扬烟吹净:出锅的芝麻要立即散热,降低温度,扬去烟尘、焦末和碎皮。焦末和碎皮在后续工艺中会影响油和渣的分离,降低出油率。出锅芝麻如不及时扬烟降温,可能产生焦味,影响香油的气味和色泽。

(5)磨酱:将炒酥吹净的芝麻用石磨或金刚砂轮磨浆机磨成芝

麻酱。芝麻酱磨得愈细愈好。把芝麻酱点在拇指指甲上,用嘴把它轻轻吹开,以指甲上不留明显的小颗粒为合格。磨酱时添料要匀,严禁空磨,随炒随磨,熟芝麻的温度应保持在 65～75℃,温度过低易回潮,磨不细。石磨转速以每分钟 30 转为宜。磨酱要求愈细愈好,一是使芝麻充分破裂,以便尽量取出油脂;二是在兑水搅油时使水分均匀地渗入芝麻酱内部,油脂被完全取代。

(6)兑水搅油:由于芝麻含油量较高,出油较多,此浆状物是固体粒子和油组成的悬浮液,很难通过静置而自行分离。因此,必须借助于水,使固体粒子吸收水分,增加密度而自行分离。搅油时用人力将麻酱放入搅油锅中,分 4 次加入相当于麻酱重 80%～100% 的沸水。

第一次加总用水量的 60%,搅拌 40～50 分钟,转速为每分钟 30 转,搅拌开始时麻酱很快变稠,难以翻动,除机械搅拌外,需用人力帮助搅拌,否则容易结块,吃水不匀。搅拌时温度不低于 70℃,随着搅拌,稠度逐渐变小,油、水、渣三者混合均匀,40 分钟后有微小颗粒出现,外面包有极微量的油。

第二次加总用水量的 20%,搅拌 40～50 分钟,仍需人力助拌,温度约为 60℃,此时颗粒逐渐变大,外部的油增多,部分油开始浮出。

第三次约加总水量的 15%,仍需人力助拌约 15 分钟,这时油大部分浮到表面,底部浆成蜂窝状,流动困难,温度在 50℃左右。

最后一次加水需凭经验调节到适宜的程度,降低搅拌速度到每分钟 10 转,不需人力助拌,搅拌 1 小时左右,有油脂浮到表面时开始"撇油"。撇去大部分油脂后,最后还应保持7～9 毫米厚的油层。

兑水搅油是整个工艺中关键工序,是完成以水代油的过程。加水量与出油率有很大关系,适宜的加水量才能得到较高的出油率。这是因为芝麻中的非油物质在吸水量不多不少的情况下,一方面能将油尽可能代替出来,另一方面生成的渣浆的黏度和表面张力可达最优条件,振荡分油时容易将包裹在其中的分散油脂分离出来,撇油也易进行。如加水量过少,麻酱吸收的水量不足,不能将油脂较多地代替出来,且生成的渣浆黏度大,振荡分油时内部的分散油滴不易上浮到表面,出油率低。如加水量过多,除麻酱吸收水外,多余的水就与部分油脂、渣浆混合在一起,产生乳化作用而不易分离,同时,生成的渣浆稀薄,黏度低,表面张力小,撇油时油与渣浆容易混合,难以将分离的油脂撇尽,因此也影响出油率。加水量的经验公式如下:

加水量=(1-麻酱含油率)×麻酱量×2

(7)振荡分油、撇油:经过上述处理的麻渣仍含部分油脂。振荡分油(俗称"墩油")就是利用振荡法将油尽量分离提取出来。工具是2个空心金属球体(葫芦),一个挂在锅中间,浸入油浆,约及葫芦的1/2。锅体转速每分钟10转,葫芦不转,仅作上下击动,迫使包在麻渣内的油珠挤出升至油层表面,此时称为深墩。约50分钟后进行第二次撇油,再深墩50分钟后进行第三次撇油。深墩后将葫芦适当向上提起,浅墩约1小时,撇完第四次油,即将麻渣放出。撇油多少根据气温不同而有差别。夏季宜多撇少留,冬季宜少撇多留,借以保温。当油撇完之后,麻渣温度在40℃左右。

(二)水压机压榨法

机榨香油又分为水压机压榨法和螺旋榨油机榨取法(我国采用后者),是在高温下制取的,由于产生高温,芝麻在榨取香油的过程中,芝麻酚受高温的影响而被破坏流失较大,对香油的天然抗氧化作用降低,因此机榨香油营养价值相对降低,比小磨香油的保质期、保存期短。芝麻中含的皂化物在榨取香油的过程中,与香油一起榨出溶于香油中,所以机榨香油起泡沫较大。

1. 工艺流程

芝麻选料→炒子→筛选→漂洗→软化→轧坯→蒸炒→压榨→

精炼。

2. 操作要点

(1)选料、炒子、筛选、漂洗方法同小磨香油。

(2)软化：通过调节水分和温度使芝麻变软,使其具有适宜的可塑性,便于轧坯时轧成薄片。芝麻软化后一般温度为47～50℃,水分为7%左右。

(3)轧坯：用滚筒式轧坯机将颗粒状压成薄片状坯料。轧坯的作用主要有两点:一是破坏细胞组织,使油容易从细胞内取出;二是颗粒状油子轧成薄片后,表面积增大,增加了出油面积,且大大缩短了油脂离开坯料的时间。

(4)蒸炒：将轧过坯的坯料经过加水、加热、烘干等处理,由生坯变熟坯的过程。其作用:一是凝聚作用,油子经过轧坯,细胞破坏程度达68%～79%,但油分还是分散的油滴不能凝聚。而在蒸炒时先经加水湿润,蛋白质吸水膨胀,从细胞内部攻破细胞壁,从而彻底破坏了油子细胞。二是调整料坯结构。料坯结构是指它的可塑性和弹性两个方面。一方面料坯要有足够的弹性,能经得起压力;另一方面还要有一定的可塑性,压榨后能够结合成饼块。增加水分和提高温度可使料坯变软,容易成形;水分低,蛋白质变性大,料坯就比较硬,不容易结成饼块。在蒸炒时调节各项工艺参数,能得到入榨料坯所要求的软硬程度。三是改善油脂品质。蒸炒温度为130℃左右,压榨前水分为1%～1.5%。

(5)压榨：经蒸炒的芝麻坯加入螺旋榨油机,芝麻饼厚度为1.5～2厘米。

(6)精炼：榨油机出来的油经沉淀、过滤、脱胶、脱水等就得到食用芝麻油。

(7)装瓶：将芝麻油按重量装瓶即可。

二、芝麻酱加工

芝麻酱主要用作佐餐食品,国内芝麻酱一般是把芝麻烘烤后磨浆而成。

1. 加工设施

(1)小型炉灶 1 个,特制平底铁锅 1 口。锅台做得前低后高,用水泥抹面,铁锅的安置呈 45°倾斜。

(2)电动石磨 1 盘,直径以 70 厘米左右为宜;铁锅 1 口,直径一般为 1 米。

(3)木铲 1 把。还需配备水缸、竹筛、簸箕、舀子等。

2. 制作方法

(1)选料:选成熟度好的芝麻,去掉霉烂粒,晒干扬净。放入盛清水的缸中用木棍搅动淘洗,捞出漂在水面上的秕粒、空皮和杂质,浸泡 10 分钟左右,待芝麻吸足水分后,捞入密眼竹筛中沥干,摊在席子上晾干。

(2)脱皮:将干净的芝麻倒入锅内炒成半干,放在席子上用木锤打搓去皮(注意不要把芝麻打烂),再用簸箕将皮簸出,有条件的可用脱皮机去皮。

(3)烘炒:将脱皮芝麻倒入锅内,用文火烘炒。炒时用木铲不断翻搅,防止芝麻炒糊变味。炒到芝麻本身水分蒸发完,颜色呈棕色,用手指一捏呈粉末状即可。炒前,如果将 4 千克盐溶化成水,加入适量大料、茴香、花椒粉等,搅拌均匀后倒入 50 千克脱皮芝麻中腌渍 3~4 小时,让调料慢慢渗入芝麻中,制出的芝麻酱风味更佳。

(4)装瓶:把磨好的装入玻璃瓶或缸内即可。

三、黑芝麻食品的制作

1. 黑芝麻粉

原料组成:黑芝麻适量。

制作方法:将原料黑芝麻精选、除杂、水洗、干燥。将干燥后的芝麻送入榨油机,榨出 70%～80% 的油脂,使芝麻渣的残油量保持在 20%～30%。冷冻粉碎后得到 0.104 毫米以下的芝麻细粉即可。

2. 黑芝麻山药何首乌粉

原料组成:黑芝麻 250 克,山药(干)250 克,何首乌 250 克。

制作方法:将黑芝麻洗净,晒干,炒熟,研为细粉。将淮山药洗净,切片,烘干,研为细粉。将何首乌片烘干,研为细粉,与芝麻粉、山药粉混和拌匀,装瓶备用。食时在锅内用温开水调成稀糊状,置于火上炖熟即成。

3. 黑芝麻糊

原料组成:黑芝麻和薏仁、糯米、花生的比例为 2∶1∶1∶1。

制作方法:将黑芝麻洗净沥干水分,放入烤箱 150℃,烘烤 10 分钟左右(没有烤箱放入锅中用小火炒熟也是一样的),烤熟的黑芝麻放入食品搅拌机中打成粉末状,放入瓶中密封保存;糯米粉放入锅中用小火炒熟至颜色变黄,备用(一次炒多一点放入密封容器保存就好)。将炒制好的黑芝麻粉、糯米粉和糖按比例混匀,食用时用沸水冲调即可,芝麻糊的浓稠度可以根据个人喜好酌量添加沸水调整。

4. 花生黑芝麻糊

原料组成:黑芝麻 80 克,花生仁 20 克,糯米粉 30 克,黏米粉 25 克,糖 50 克。

制作方法:将黑芝麻洗干净后晾干水分,放入干净的锅中炒香待用(注意不要炒糊了);将糯米粉和黏米粉混合以后放入干净锅内炒熟,炒到微微发黄即可;花生仁用烤箱或者微波炉烤香,去皮待用;将所有材料放入搅拌机搅拌干粉的容器内,搅拌成细末,放入密封容器内保存;吃的时候将取 40 克黑芝麻花生粉加适量沸水即可冲调成一碗香浓的黑芝麻糊。

5. 豆浆芝麻糊

原料组成:豆浆 300 克,黑芝麻 30 克,蜂蜜 100 克。

制作方法:将黑芝麻炒香,研碎备用;将豆浆、蜂蜜、黑芝麻末一同放入锅内,边加热边搅拌,煮沸一会儿即可。

6. 黑芝麻蜂蜜糊

原料组成:黑芝麻 500 克,蜂蜜 500 克。

制作方法:将黑芝麻拣净,炒香,晾凉,捣碎;黑芝麻装入瓷罐内,加入蜂蜜搅匀至糊状即可。

7. 桑葚黑芝麻糊

原料组成:桑葚(紫,红)60 克,粳米 30 克,黑芝麻 60 克,白砂糖 10 克。

制作方法:将桑葚、黑芝麻、粳米同放在石臼里捣烂,备用;在砂锅里加适量清水约 3 碗,加入白糖煮开;徐徐加入捣烂的药浆,边倒边用勺子搅拌;煮成熟糊状即可。

8. 芝麻首乌糊

原料组成:何首乌 500 克,黑芝麻 500 克,赤砂糖 300 克。

制作方法:首乌片烘干,研制成粉末;黑芝麻炒酥压碎;净锅置中火上,掺清水,首乌粉煎沸,加入芝麻粉、红糖熬成糊状,盛于容器内即可。

9. 枸杞芝麻糊

原料组成:黑芝麻 300 克,籼米粉(干,细)100 克,枸杞子 15 克,白砂糖 100 克。

制作方法:将黑芝麻淘洗干净后,沥水放入锅内炒香,再磨成细末;锅内掺水烧开后,放黑芝麻末粉沸,加入大米粉浆;待烧开后加入白糖,搅匀盛碗,面上撒上少许枸杞即成。

10. 淮药芝麻糊

原料组成:黑芝麻 120 克,牛奶 200 克,山药(干)15 克,玫瑰花 6 克,粳米 60 克,冰糖 120 克。

制作方法:粳米洗净,用清水浸泡 1 小时,捞出滤干;淮山药切成小颗粒;黑芝麻炒香;将三物放入盆中,加水和鲜牛奶拌匀,磨碎后滤出细绒待用;锅中加清水、冰糖,溶化过滤;将冰糖水放入锅中,继续烧开;将芝麻水慢慢倒入锅内,加入玫瑰糖(择下红玫瑰花的花瓣,花蕊及花萼都不要,将玫瑰花瓣洗干净,沥去多余水分。将玫瑰花瓣和白砂糖全部放入石臼中,用石杵捣烂,过程需 10 分钟左右,一直捣到糖与花瓣融为一体,成为色泽艳紫、质地晶莹的团块。捣好的玫瑰花糖装入带色玻璃瓶中,封严瓶口,放于避光通风处存放),不断搅拌成糊,熟后起锅即成。

11. 杏仁牛奶芝麻糊

原料组成:杏仁 150 克,核桃仁 75 克,白芝麻、糯米各 100 克(糯米先用温水浸泡 30 分钟),黑芝麻 200 克,淡奶 250 克,冰糖 60 克,水适量,枸杞子、果料适量。

制作方法:先将芝麻炒至微香,与上述原料一起捣烂糊状,用纱布滤汁,将冰糖与水煮沸,再倒入糊中拌匀,撒上枸杞子、果料,文火煮沸,冷却后食用。

12. 芝麻蜂蜜粥

原料组成:粳米 100 克,黑芝麻 30 克,蜂蜜 20 克。

制作方法:黑芝麻下锅中,用小火炒香,出锅后趁热擂成粗末;粳米淘洗干净,用冷水浸泡半小时,捞出,沥干水分;锅中加入约 1000 毫升冷水,放入粳米,先用旺火烧沸;然后转小火熬煮至八成熟时,放入黑芝麻末和蜂蜜;再煮至粳米熟烂,即可盛起食用。

13. 黑芝麻粥

原料组成:粳米 30 克,黑芝麻 20 克,盐 2 克。

制作方法:将黑芝麻洗净,炒香;黑芝麻加食盐少许,研碎待用;将粳米淘洗干净,放入沙锅,加适量清水;煮至成粥,调入芝麻。

14. 黑芝麻红枣粥

原料组成:粳米 150 克,黑芝麻 20 克,枣(干)25 克,白砂糖 30 克。

制作方法:黑芝麻下入锅中,用小火炒香,研成粉末,备用;粳米淘洗干净,用冷水浸泡半小时,捞出,沥干水分;红枣洗净去核;锅中加入约 1500 毫升冷水,放入粳米和红枣,先用旺火烧沸;然后改用小火熬煮,待米粥烂熟;调入黑芝麻及白糖,再稍煮片刻,即可盛起食用。

15. 枸杞黑芝麻粥

原料组成:大米、糯米、黑芝麻比例 4:3:1,枸杞适量。

制作方法:糯米洗净提前泡几个小时;枸杞泡发备用;坐锅水,水开后把大米、糯米和黑芝麻倒入,并搅拌至开锅,为的是不粘锅底;水开后转小火慢慢煮,大约煮 40 分钟就好了,其间要搅拌几次;喝的时候浇上勺糖桂花。

16. 黑芝麻葚糊

原料组成:黑芝麻、桑葚各 60 克,大米 30 克,白糖 10 克。

制作方法:将大米、黑芝麻、桑葚分别洗净,同放入石钵中捣烂,砂锅内放清水 3 碗,煮沸后放入白糖,再将捣烂的米浆缓缓调入,煮成糊状即可。

17. 芝麻核桃粥

原料组成:黑芝麻 50 克,核桃仁 100 克。

制作方法:黑芝麻、核桃仁一齐捣碎,加适量大米和水煮成粥即可。

18. 黑芝麻枣粥

原料组成:粳米 500 克,黑芝麻、红枣各适量。

制作方法:黑芝麻炒香,碾成粉,锅内水烧热后,将粳米、黑芝麻粉、红枣同入锅,先用大火烧沸后,在改用小火熬煮成粥,食用时加糖调味即可。

19. 黑芝麻汤圆

原料组成:糯米粉 300 克,黑芝麻 300 克,白砂糖 150 克。

制作方法:黑芝麻炒熟,碾碎,拌上猪油、白砂糖,三者比例大致为 2∶1∶2;适量糯米粉加水和成团;以软硬适中、不粘手为好,揉搓成长条,用刀切成小块;将小块糯米团逐一在掌心揉成球状,用拇指在球顶压一小窝,拿筷子挑适量芝麻馅放入;用手指将窝口逐渐捏拢,再放在掌心中轻轻搓圆;包好后有如山楂大小;烧水至沸,包好的汤圆下锅煮至浮起即可食用。

20. 核桃阿胶膏

原料组成:阿胶 250 克,核桃 150 克,枣(干)500 克,黑芝麻 150 克,桂圆肉 150 克,黄酒 500 克,冰糖 250 克。

制作方法:将红枣、核桃肉、桂圆肉、黑芝麻研成细末;阿胶于黄酒中浸 10 天;阿胶与酒一起置于陶瓷器中隔水蒸,使阿胶完全溶化;再加入核桃、黑芝麻等末调匀,放入冰糖,再蒸;至冰糖溶化,即成护肤美容珍品,制成后盛于干净容器装好封严。

21. 美容乌发糕

原料组成:黑芝麻 500 克,山药(干)50 克,何首乌100 克,旱莲草 50 克,女贞子 50 克,白砂糖 250 克,猪油(炼制)220 克。

制作方法:女贞子用酒炒过;将何首乌、旱莲草、女贞子、山药洗净,烘干研成粉末待用;芝麻洗净沥干,入锅炒熟,碾成细粉;把芝麻粉倒在案板上,加入白糖、山药粉、中药末调拌均匀;放入熟猪油,反复揉匀,放入糕箱压紧,切成长方块。

22. 黑芝麻玉米面粉糕

原料组成:黑芝麻 60 克,蜂蜜 90 克,玉米粉 120 克,白面 50 克,鸡蛋 2 个,发酵粉 15 克。

制作方法:先将黑芝麻炒香研粉,和入玉米粉、蜂蜜、面粉、蛋

液、发酵粉,加水和成面团,以 35℃保温发酵 1.5～2 小时,上屉蒸
20 分钟即可食用。

23. 桂花黄林酥

原料组成:小麦面粉 300 克,桂花 100 克,鸡蛋清 150 克,黑芝
麻 150 克,淀粉(玉米)20 克,猪油(炼制)150 克,白砂糖 100 克。

制作方法:将面粉过筛后,用 200 克面粉加入猪油 90 克,揉成
油酥面团;将 300 克面粉加入 60 克猪油,与适量清水揉成水油面
团;将酥面与水油面逐个分别出条下节子,用擀面杖擀成牛舌形;
从上卷下来再折成三折,擀成皮胚,包入桂花馅(芝麻、白糖、猪油
放在容器里,混合拌匀,边搅拌边加入适量干淀粉,最后放入桂花
拌匀,做成桂花馅),做成饼形;放入烤盘内,面上刷上鸡蛋液,进炉
烘烤至熟即成。

24. 芝麻花生营养豆腐

原料组成:黄豆 10 份,花生 5 份,芝麻 2 份为原料。

制作方法:黄豆、花生分别用清水漂洗后,再用 2.2 倍原料的
清水浸泡 9～12 小时(室温),浸泡后清洗干净,然后分别磨浆;准
备好磨浆用的温水,磨浆时给黄豆加水 5.5 倍,花生加水 4 倍,进
料时必须随料定量加水。磨浆后进行浆渣分离,并往浆液里加入
碾碎过筛的芝麻一起煮浆;煮浆时需加入 1% 的甘油酯肪酸酯以
消除泡沫。煮浆时要不断地搅拌,煮沸 5 分钟即可;将煮过的浆液
再次过滤,冷却至 30℃ 以下;往冷却好的浆液里加入用少量凉开
水或凉熟豆浆溶解的凝固剂,搅拌均匀后立即灌装到专用的内酯
豆腐盒内密封,这一过程一般需在 15～20 分钟之内完成。凝固剂
由葡萄糖酸内酯 70%、氯化锌 22%、碳酸钙 5%、蔗糖脂肪酸酯
3% 配比组成;将密封好的豆浆料盒放入 95% 水浴锅中恒温加热
25 分钟即可取出;加热定型后的内酯盒豆腐放入冷水中冷却至室
温,再放入冷藏柜中冷却 1 小时,得到具有一定弹性和韧性的营养
内酯盒豆腐。

25. 芝麻糖

原料组成:芝麻 23 千克,白砂糖 10 千克,糯米饴糖 30 千克,食用油 100 克。

制作方法:将选好的新鲜芝麻,浸泡在净水中,以芝麻充分吸水膨胀为度。然后淘去泥沙,捞起晒干,再放入锅中用火焙炒,待芝麻炒至色泽不黄不焦、颗颗起爆时停止;经过冷却,用手轻轻搓动,使皮脱落,并用簸箕簸去皮屑;将饴糖和白砂糖倒入锅中熬制。先用中火加热煮沸,并不断搅动,防止焦糊。当糖浆煮沸后,改用文火,熬至糖浆液面有小泡时,可用拌铲挑出糖浆,加以观察,能拉成丝,经冷却后折断时有脆声,即可停火;将炒好的芝麻拌入熬制的糖浆中,边向锅中倒芝麻边搅拌,力求迅速搅拌均匀。然后将拌好的芝麻糖坯一起从锅中舀入擦好油的盆内;将芝麻糖坯稍微冷却后,移至平滑的操作台上,经拔白、扯泡,用手工做成截面像梳子形的椭圆形糖条;将糖条趁热切片,切片的厚度要均匀一致,每片厚度约 0.4 厘米,每千克约切成 90～100 片。切片经冷却、整形,即可用塑料袋密封包装即可。

26. 小米黑芝麻香酥片

原料组成:小米面粉 900 克,黑芝麻 100 克,起酥油、调味料(食盐、白糖、麻辣粉等)适量,"特香酥"(超市有售)几袋。

制作方法:选用洁净脱壳新小米,用水淘洗干净再浸泡 2～3 小时,晾干,磨粉,过 80～100 目筛,备用。选用优质黑芝麻,精选除去杂质及不饱满粒,用清水洗净,晒干或烘干备用;将处理好的小米粉和黑芝麻按配方比例称取;投入搅拌机内搅拌混合均匀,再加入适量开水搅拌至无干粉,最后加入起酥油搅拌成软硬适中的面团;在和好的面团中加适量"特香酥"揉匀,静置几分钟酥化;面团酥化处理后,用压片机压制成 0.15～0.5 厘米厚的整片,然后切成方块或其他形状;成型后,喷洒上不同风味的调味料,如盐、白糖、麻辣粉等;拌好调味料后,放入预先升温至 180℃的烤箱,烘烤

4～6分钟,即可成熟;烤熟出炉,自然冷却后,真空密封即可。

四、黑芝麻食疗方

黑芝麻的医疗保健作用,在我国古代的医书上有很多记述。现代中医学认为黑芝麻的医疗保健功能为强身健体,延年益寿,补肝肾,润脾肺;益耳目,健固齿;润肌肤,滑胃肠;防衰老,益脑智等。用于治疗眩晕、健忘、腰膝酸软、须发早白、阴虚干咳、皮肤干燥、乳汁不足,降低胆固醇,防止动脉硬化、高血压,防止血小板减少,平衡神经,预防神经衰弱;外用解毒生肌,护肤美容等,但腹泻者禁用。

1. 便秘

原料组成:黑芝麻秆120克。

制服方法:水煎,调冬蜜适量服下,连续3次。

2. 老年哮喘、咳喘

原料组成:黑芝麻、核桃仁各200克,生姜100克,蜂蜜250克。

制服方法:黑芝麻炒熟,核桃仁干燥后与黑芝麻共捣碎,生姜取汁。将捣碎的黑芝麻、核桃仁加入蜂蜜后,再加生姜汁,调匀备用,日服2～3次,每次2～3汤匙。

3. 高血压

原料组成:黑芝麻、桑葚各60克,粳米30克。

制服方法:诸物均洗净,同放入罐中捣烂。沙锅内放水3碗,煮沸后加入白糖适量,待糖溶化,水再沸后,徐徐加入捣烂的3味,煮成糊。每日分3次食用。

4. 补气催乳

原料组成:黑芝麻150克。

制服方法:黑芝麻炒熟研末,每次用黄酒冲服10克,如加猪蹄汤送服更佳,治乳少。

5. 脂溢性脱发

原料组成:黑芝麻 100 克,桑葚 250 克,核桃仁 500 克。

制服方法:将诸药研末,每次 50 克,每日 2 次。

6. 须发早白

原料组成:黑芝麻、制首乌各等份。

制服方法:黑芝麻、制首乌分别研细末,炼蜜为丸,每丸重 6 克,每次服 1 丸,每日 3 次,连服数月。

7. 记忆衰退

原料组成:黑芝麻 125 克,薏苡仁 100 克,生地黄 125 克,白酒 3000 克。

制服方法:黑芝麻洗净煮熟晒干,薏苡仁炒至略黄,两药合起略捣烂后,与切成小块的生地黄共装入纱布袋里与白酒一起置入容器中,密封浸泡 12 天后,即可服用。早、晚空腹各服 1 次,每次 10~20 毫升。适用于体质虚弱、神衰健忘、记忆减退等。

8. 干咳

原料组成:黑芝麻 120 克,白糖 30 克。

制服方法:黑芝麻炒熟拌匀研末加白糖食用。

9. 健忘、失眠、头晕

原料组成:黑芝麻、松子仁、柏子仁、菊花、黄芪、谷糠各 15 克,核桃仁 2 个,白芍、生地各 40 克。

制服方法:诸物水煎后取汁饮用。

10. 慢性气管炎

原料组成:黑芝麻、生姜各 25 克,瓜蒌 1 个。

制服方法:诸物水煎后取汁饮用,每日 1 剂。

五、芝麻饼肥的沤制

芝麻饼也叫香油渣,是芝麻榨油加工后剩下的残渣,其有机质含量很高,每 100 千克芝麻饼中含有氮 5.8%,磷 3%,钾 1.3%,

除可用作蛋白饼干、面包、香肠和红肠等食品的辅料外，还可作为有机复合肥料。经试验发现在同等条件下，芝麻饼肥要比其他肥料肥效高、肥效长、肥性稳定。施肥后不但花木的叶片油绿肥厚，而且花大、色艳。

1. 沤制方法

由于香油饼中的氮、磷、钾等元素均以有机状态存在，所以必须经过发酵腐熟分解为无机态才能被花木吸收利用。若不经过发酵腐熟就直接使用，往往会因其在土中发酵分解时产生大量有机酸并发热而烧伤花木的根系。常见的沤制方法有以下两种：

（1）将香油饼装入塑料袋，埋入深 60 厘米左右的土中，经过半年时间即可取出直接使用或晒干后备用。

（2）在夏季或在大棚中，用小坛或罐头等口较大的容器盛放，香油饼（湿、干皆可）放入量约占容器的 2/3。香油饼在沤制时会散发出一股难闻的臭味，可加入一些橘子皮，因橘子皮含有香油精，不仅可去除臭味，而且发酵后还是一种很好的肥料。然后向容器中加水并洒少许杀虫剂至容器的顶部，并用木棍搅拌几下，最后密封（盖下可加一层塑料袋或薄膜）盖好或用玻璃盖严，放于有阳光处。容器放在大棚内约 1 个月，室外约 3 个月，无臭味时即可使用。

2. 施用方法

掌握"薄肥勤施"的原则，不可一次施用过多。每年对盆栽花木春秋可施两次固体香油饼肥，视花木长势，夏季酌情浇施其液肥。

（1）作基肥：将腐熟的香油饼晒后磨成粉或敲碎，直接放入花盆底部或盆下部周围，与土壤混合，切忌使花木根部直接接触肥料。或将其粉直接与全部盆土混合，但用量不可过多。

（2）作追肥：直接施在盆土表面。或取其发酵好的上层清液，兑水 10～15 倍稀释后浇施。

六、芝麻叶的加工

人们种芝麻、收芝麻，往往忽视芝麻叶的利用价值。中医认为，芝麻叶性平味苦，具有滋肝养肾、润燥滑肠功能，能治疗头晕、病后脱发、津枯血燥、大便秘结等。除鲜食之外，还可制成干芝麻叶。

在芝麻采收前 20～30 天采摘新鲜、无病虫的芝麻叶进行干制加工。先将芝麻叶洗净，用 0.1% 的小苏打和 1.5% 左右的食盐混合液泡 3～5 分钟进行护色。捞出来沥干水，沸水漂烫 3～4 分钟后再捞出用凉水冷却。沥干水后，在干燥通风的地方晾晒干，或者在烘房里用 50～65℃ 的温度烘 5 小时左右，然后用麻袋盛装，在屋里堆放 1～2 天，使其回软。最后用塑料袋密封包装，放进防潮纸箱中保存或出售。干芝麻叶色泽墨绿，有芝麻叶特有的清香味，食用时用凉水或温水泡开即可下锅，或炒菜或做馅等。

第二节　黑芝麻伪劣商品的鉴别

黑芝麻籽粒价格是其他颜色芝麻籽粒的几倍，黑芝麻油的价格也是其他颜色芝麻油的几倍，因此，有些不法商贩就利用欺骗手段，坑害消费者。作为消费者要学会鉴别黑芝麻的方法，以防上当受骗。

一、黑芝麻籽粒的鉴别

1. 劣质产品的鉴别

黑芝麻籽粒变质，一是 2 年以上的陈芝麻，二是籽粒在贮藏过程中发生了霉变、虫蚀，使其失去部分营养价值。鉴别凡是能闻到霉味者，则说明籽粒已经变质；查到有被虫食、虫屎或丝状小块者，说明已生虫。

2. 染色产品的鉴别

白、黄、褐色芝麻籽粒均可通过染色变成黑芝麻,鉴别时只要通过一些方法就可以进行鉴别。

(1)掉色鉴别法:正常的黑芝麻经水浸泡后会出现轻微掉色现象,但颜色不会过深。黑芝麻中的天然色素溶解于水有一个过程,因此黑芝麻放在常温冷水中不会迅速掉色,但陈年黑芝麻除外。

(2)断口鉴别法:黑芝麻只有种皮是黑的,胚乳部分仍是白的,可以用刀切开黑芝麻,看看里面是不是白色的。也可以将黑芝麻放在手心,如果手心很快出现黑色,说明黑芝麻很有可能是被染色了。

(3)纸巾鉴别法:买黑芝麻时,可用打湿的手绢或纸巾辨真伪,在湿纸巾上揉搓不掉色的是真货,否则可能是假货。

(4)品尝法:品尝味道也可以鉴别真假,真正的黑芝麻吃起来不苦,反而有点轻微的甜感,有芝麻香味,不会有任何异味;而染色的黑芝麻有种奇怪的机油味,或者说有除了芝麻香味之外的不正常的味道,而且发苦。

二、黑芝麻油的鉴别

芝麻油又叫香油,分机榨香油和小磨香油两种,机榨香油色浅而香淡,小磨香油色深而香味浓。另外,芝麻经蒸炒后榨出的油香味浓郁,未经蒸炒榨出的油香味较淡。

1. 色泽鉴别

进行芝麻油色泽的感官鉴别时,可取混合搅拌得很均匀的油样置于直径50毫米、高100毫米的杯中,油层高度不低于5毫米,放在自然光线下进行观察,随后置白色背景下借反射的光线再观察。

(1)优质芝麻油:呈棕红色至棕褐色。

(2)次质芝麻油:色泽较浅(掺有其他油脂)或偏深。

（3）劣质芝麻油：呈褐色或黑褐色。

2. 透明度鉴别

进行芝麻油透明度的感官鉴别时,可按大豆油透明度的感官鉴别方法进行。

（1）优质芝麻油：清澈透明。

（2）次质芝麻油：有少量悬浮物,略混浊。

（3）劣质芝麻油：油液混浊。

3. 水分含量鉴别

进行芝麻油水分含量的感官鉴别时,可按照大豆油水分含量的感官鉴别方法进行。

（1）优质芝麻油：水分含量不超过 0.2%。

（2）次质芝麻油：水分含量超过 0.2%。

4. 杂质和沉淀物鉴别

进行芝麻油杂质和沉淀物的感官鉴别时,可按照大豆油的杂质和沉淀物的感官鉴别方法进行。

（1）优质芝麻油：有微量沉淀物,其杂质含量不超过0.2%,将加热至 280℃时,油色无变化且无沉淀物析出。

（2）次质芝麻油：有较少量沉淀物及悬浮物,其杂质含量超过 0.2%,将油加热至 280℃时,油色变深,有沉淀物析出。

（3）劣质芝麻油：有大量的悬浮物及沉淀物存在,油被加热到 280℃时,油色变黑且有较多沉淀物析出。

5. 气味鉴别

感官鉴别芝麻油气味的方法,同于大豆油气味的感官鉴别方法。

（1）优质芝麻油：具有芝麻油特有的浓郁香味,无任何异味。

（2）次质芝麻油：芝麻油特有的香味平淡,稍有异味。

（3）劣质芝麻油：除芝麻油微弱的香气外,还有霉味、焦味、油脂酸败味等不良气味。

6. 滋味鉴别

感官鉴别芝麻油的滋味时,应先漱口,然后用洁净玻璃棒沾少许油样滴于舌头上进行品尝。

(1)优质芝麻油:具有芝麻固有的滋味,口感滑爽,无任何异味。

(2)次质芝麻油:具有芝麻固有的滋味,但是显得淡薄,微有异味。

(3)劣质芝麻油:有较浓重的苦味、焦味、酸味、刺激性辛辣味等不良滋味。

附录 绿色食品芝麻生产技术操作规程

（湖北省枣阳市地方标准）

1 范围

本规程规定了枣阳市绿色食品芝麻生产管理、病虫害防治，水肥管理及品种栽培、收割及贮藏等技术。

本规程适用于枣阳市绿色食品芝麻生产基地，基地具有良好的生态环境，种植技术，生产管理等方面水平较高。

2 本规程制定引用下列标准内容

GB/543.2—1995 芝麻种子质量标准

NY/T391—2000 绿色食品产地环境技术条件

NY/T393—2000 绿色食品农药使用准则

NY/T394—2000 绿色食品肥料使用准则

3 要求

3.1 产地条件

产地环境要避开有害废水、废气和废物，符合 NY/T391—2000《绿色食品产地环境技术条件》。土层深厚、土质肥沃、保肥保水、排灌方便、土壤 pH 值为7～8。

3.2 品种

选用适宜当地环境条件的质量优、抗逆性好、抗病虫害能力强，并通过省级农作物品种审定委员会审（认）定的品种。

种子质量应符合 GB/T3543.2—1995 规定的芝麻良种的要

求。芝麻选用高含油、高抗、高产良种。

3.3 主要生产技术

3.3.1 播种区域的选择

集中连片种植或分散种植均可,与豆类、薯类、玉米类等不施农药或施农药少的农作物轮作,一个轮作周期以 2～3 年为宜;分散种植的不得与水稻、棉花等高施药农作物相邻种植。

3.3.2 种子处理

3.3.2.1 晒种:播种前 1～2 天,选择晴天把种子放在阳光下摊开,晒 1～2 天,可以提高发芽势。但不要在水泥地面或金属器具内晒种,以免高温杀伤种子。

3.3.2.2 选种:采用风选或水选的方法,去除霉子、秕子、枝叶杂质,留下粒大饱满,无病虫杂质的上等种子。

3.3.2.3 浸种:在播种前,用 0.2% 多菌灵或 0.3% 硫酸铜溶液浸种 1～2 小时,用清水冲洗干净后,晾干播种。

3.3.3 播种

3.3.3.1 播种时期:油菜茬在 5 月中、下旬,小麦茬在 6 月上旬播种,争取一播全苗。

3.3.3.2 土地整理与合理株距

种植芝麻田地土细土爽,深沟窄厢,一般耕深 16～20 厘米、厢宽 1.8～2.4 米、沟深 16～30 厘米,三沟配套,渍水能排。

土壤肥力中上等地块单型品种密度为 10 000～12 000 株/亩,分枝型品种密度为 7000～8000 株/亩,迟播瘦地单秆型品种密度为 12 000～15 000 株/亩,分枝型品种密度为 9000～11 000 株/亩。

3.3.4 施肥

芝麻播种前每亩农家肥 2000 千克以上,7 月上旬每亩用磷酸二氢钾 200 克＋500 克尿素兑水 50 千克喷雾;7 月下旬再喷施一次,以增加千粒重,促进颗粒饱满。

3.3.5　田间管理

3.3.5.1　间苗定苗

出苗后,两对真叶时进行间苗,3~4 对真苗时定苗,去劣去杂,留匀留壮。对不能及时出苗的根据情况旱重播、催芽补种或进行带土移栽。

苗期有地老虎为害,采用人工捕捉;苗期有少量蚜虫发生,当每百株达到 5 头时用 10％吡虫啉可湿性粉剂 10 克/亩兑水 50 千克喷施一次进行防治。

3.3.5.2　中耕除草

初花期前除草,中耕三次,做到苗期生长均匀矮壮。

生长中期(7 月下旬)有少量较轻的青枯病病害,当发生时,及时拔去病株并带到田外焚烧处理。

花蕾期有草必除,雨后必除,禁止用任何农药。

3.3.5.3　适时打顶。打顶时间根据产量目标和生长情况在芝麻盛花期后 10 天进行,单秆型品种摘掉顶部幼蕾,分枝型品种摘掉主茎和第一分枝的顶心。

3.3.5.4　防涝抗旱、排涝防渍,干旱时及时灌溉。

3.3.6　收获与贮藏

3.3.6.1　大部分叶片变黄,部分叶片脱落,茎顶以下 5 厘米呈青黄,最下部 5 厘米蒴果已经开裂时适时收获。晒干扬净,要保证在入库贮藏时含水量在 9％以下,净度在 98％以上,方可入库贮藏。

3.3.6.2　储藏

对仓库要用高温密封的办法进行消毒,并用物理方法灭鼠。芝麻不能与其他物质混存,经常检查温度,湿度和虫鼠及霉变情况,及时搞好防范。运输时,做到专车专运。

参 考 文 献

1. 汪强，等. 芝麻科学栽培. 合肥：安徽科学技术出版社，2010

2. 赵应忠，等. 芝麻高产综合栽培技术. 北京：科学技术文献出版社，2000

3. 陈和兴. 黑芝麻种植与加工利用. 北京：金盾出版社，2008

4. 汪强，等. 芝麻与花生间作套种增效技术研究. 安徽农业科学，2011 年第 27 期

5. 李广义，等. "小麦、花生、芝麻"套种技术. 河南农业，1996 年第 01 期

6. 安徽省农业科学院作物研究所芝麻研究室. 芝麻化学促控技术. 现代农业科技，2009 年 05 期

7. 吴安平. 芝麻渍害及其防控技术. 黄岗日报，2010 年 7 月 25 日

8. 何东平. 芝麻栽培与制油技术. 北京：化学工业出版社，2011

9. 中国芝麻交易网（www. cnsesame. com）

10. 中国创业联盟（www. 8002008. com. cn）

内容简介

随着我国人民生活水平的提高,保健意识的增强,黑色食品越来越受到人们的喜爱,其中黑芝麻不仅营养丰富,而且还具有医疗保健功效而备受欢迎。本书主要介绍了黑芝麻的营养保健价值、生物学特性、栽培技术、病虫害防治、产品贮藏与加工等内容,可供广大农民、农业科技人员和有关科研人员、院校师生参阅。